Sitzungsberichte
der Akademie der Wissenschaften
der DDR
Mathematik – Naturwissenschaften – Technik

13 N

1986

Hans-Joachim Timpe

Photoinduzierte Polymerbildungsprozesse

AKADEMIE-VERLAG BERLIN

Sitzungsberichte
der Akademie der Wissenschaften
der DDR
Mathematik – Naturwissenschaften – Technik

Jahrgang 1986 · Nr. 13/N

Hans-Joachim Timpe

Photoinduzierte Polymerbildungsprozesse

AKADEMIE-VERLAG BERLIN
1987

Vortrag von Prof. Dr. Hans-Joachim Timpe,
Technische Hochschule „Carl Schorlemmer“ Leuna-Merseburg,
Sektion Chemie, in der Sitzung der Klasse Chemie
am 19. 9. 1985

Herausgegeben im Auftrage
des Präsidenten der Akademie
der Wissenschaften der DDR
von Vizepräsident Prof. Dr. Heinz Stiller

ISBN 3-05-500 215-6
ISSN 0138 – 3965

Erschienen im Akademie-Verlag Berlin, DDR-1086 Berlin, Leipziger Str. 3 - 4

Lizenznummer: 202 · 100/357/87
Printed in the German Democratic Republic
Gesamtherstellung: VEB Druckhaus Köthen
LSV 1275
Bestellnummer: 763 707 6 (2010/86/13/N)
00500

1. Einleitung

Das Phänomen der lichtinduzierten Bildung von Polymeren ist der Menschheit schon seit langem bekannt. Im Altertum benutzten die Ägypter das Aushärten von syrischem Asphalt durch Sonnenlicht, um ihre Mumien mit den noch heute schützenden Umhüllungen zu umgeben. Inzwischen wissen wir, daß der verwendete Asphalt eine Reihe von ungesättigten Verbindungen mit C=C-Bindungen enthält. Ein ähnliches Produkt diente 1822 Niepce, also vor der Entwicklung der Silberhalogenidphotographie, zur Herstellung der ersten photographischen Bilder. Bereits im Jahre 1852 wurde beschrieben, daß man ein Gemisch aus Gelatine und Kaliumbichromat unter der Einwirkung von Sonnenlicht aushärten kann. Dieser Prozeß wird noch heute in der Polygraphie verwendet, allerdings ist die Gelatine weitestgehend durch Polyvinylalkohol und seine Derivate verdrängt worden. In das Ende des 19. Jahrhunderts fällt die Entdeckung des klassischen Blaudrucks, ein Verfahren, das seine Bedeutung auch heute nicht verloren hat.

Alle genannten Anwendungen waren Zufallsentdeckungen, da man die ihnen zugrundeliegenden Prozesse nicht kannte. Erst mit der Entwicklung der Polymer- und der Photochemie in unserem Jahrhundert war die Aufklärung der entsprechenden Basisreaktionen möglich. Vor etwa 20 Jahren, als beide Teildisziplinen der Chemie ein genügend profundes theoretisches, experimentelles und methodisches Gerüst errichtet hatten, konnte gezielt an die Entwicklung von Photopolymersystemen herangegangen werden. Heute haben derartige Systeme in fundamentale Gebiete des wissenschaftlich-technischen Fortschritts, wie die mikroelektronische Industrie, die Polygraphie, die Reprographie sowie den Korrosionsschutz Einzug gehalten, ihre stürmische Entwicklung mitunter sogar erst ermöglicht; vgl. Schema 1.

Derartige Systeme basieren grundsätzlich auf zwei Wirkprinzipien:

(1) photoinduzierter Aufbau von Polymeren (direkte und photoinitiierte Polymerisation von Monomeren oder Oligomeren; photoinduzierte Vernetzung von Prepolymeren oder Polymeren; photoinduzierte Pfropfcopolymerisation)

(2) photoinduzierte Veränderungen an Polymeren (photoinduzierte Polymerdegradation; chemische Veränderungen von funktionellen Gruppen in Polymeren).

Beide Prinzipien führen meist zu gravierenden Veränderungen der chemischen und physikalischen Eigenschaften des Gesamtsystems, wodurch eine Differenzierung zwischen bestrahlten und unbestrahlten Systemteilen möglich wird.

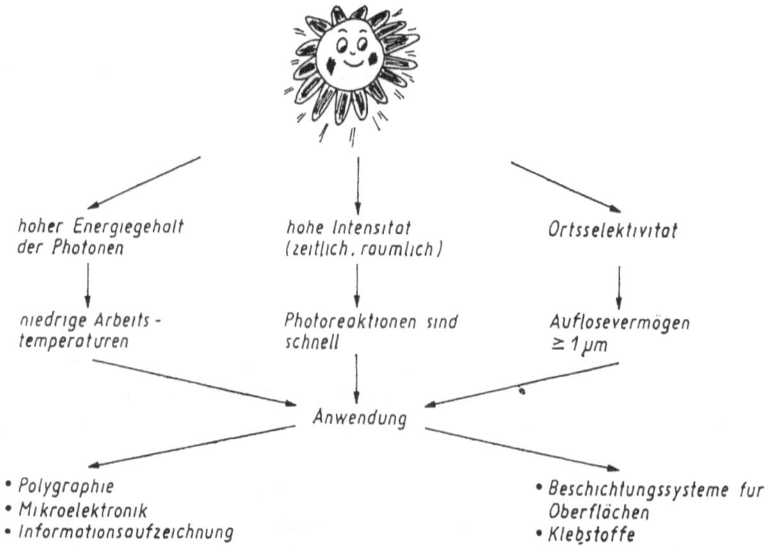

Die mit der Verwendung von Licht verbundenen Vorteile sind aus Schema 1 ersichtlich. Dadurch können Wirkungen erzielt werden, die durch thermische Induzierung der beiden Prinzipien prinzipiell nicht erreichbar sind. Es muß aber auch auf eine entscheidende Limitierung der Photoinduzierung hingewiesen werden: nur dasjenige Licht kann Veränderungen auslösen, das absorbiert wird. Das verlangt eine außerordentlich exakte Abstimmung zwischen den Eigenschaften des eingestrahlten Lichtes und der Polymersystems in zweifacher Hinsicht:

(1) Es muß im System eine chromophore Gruppe enthalten sein, die das Bestrahlungslicht teilweise oder vollständig absorbiert und deren Anregungszustand oder deren photochemische Reaktionsprodukte zu den genannten Veränderungen führen.

(2) Aufgrund der Folgerungen des Lambert-Beerschen Gesetzes

$$\lg \frac{I_0^\lambda}{I^\lambda} = E^\lambda = \varepsilon^\lambda c\, d \qquad (1)$$

kann das Licht nur in geringe Schichtdicken d des Systems eindringen (meist bis 100 µm; in Ausnahmefällen bis 500 µm).

Die Photoinitiierung von Polymerbildungsreaktionen ist deshalb nur für eine Dünnschicht-Anwendung prädestiniert und führt nur in dünnen Schichten zu Veränderungen. Zur Herstellung von Polymeren in großen Mengen ist sie daher prinzipiell ungeeignet.

Für die Einhaltung der zuerst genannten Bedingung bestehen bezüglich des Aufbaus von Polymeren folgende Möglichkeiten:

(1) Das Licht wird direkt durch die im System enthaltenen monomeren oder polymeren Verbindungen absorbiert (direkte Photopolymerisation).

(2) Die Absorption erfolgt durch einen Initiator, dessen photochemische Reaktion reaktive Spezies liefert, die mit den Monomeren oder Polymeren reagieren (initiierte Photopolymerisation).

(3) Das eingestrahlte Licht wird durch einen Sensibilisator aufgenommen, der durch Energie- oder Elektronenübertragung auf das Monomere, Polymere oder den Initiator die genannten Prozesse einleitet (sensibilisierte direkte oder initiierte Photopolymerisation).

Die vorstehenden Diskussionen erhellen, daß im Zusammenhang mit der zu behandelten Thematik eine Fülle fundamentaler Fragestellungen aufzuwerfen sind. An dieser Stelle müssen daher Einschränkungen vorgenommen werden, um den vorgegebenen Rahmen nicht zu sprengen. Weitere Informationen können der Literatur entnommen werden; vgl. [1] bis [5] und später zitierte Reviews. Es ist ein wesentliches Anliegen der folgenden Ausführungen, Konzeptionen und experimentelle Ergebnisse über einen neuen Typ von Photoinitiatoren zu diskutieren, die in der Gruppe des Autors in den letzten Jahren erarbeitet wurden. Photoreaktionen, die zur Veränderung von Polymeren führen, werden nicht behandelt; vgl. dazu [6] bis [9].

2. Charakterisierung von photoinduzierten Polymeraufbauprozessen

2.1. Direkte Photopolymerisation

Grundvoraussetzung für eine direkte Photopolymerisation ist, wie bereits erwähnt wurde, die Lichtabsorption durch das Monomere oder die Energieübertragung durch einen Sensibilisator auf das Monomere. Da die meisten funktionellen Gruppen in Monomeren, die für praktisch nutzbare Polymeraufbauprozesse zur Verfügung stehen (C=C-Bindungen; C≡C-Bindungen; cyclische Ether bzw. Thioether; mehrfachfunktionelle Carbonsäuren, Alkohole, Amine; Lactame), unterhalb 330 nm absorbieren, können sie nur mit speziellen Lampentypen bzw. Lasern angeregt werden; vgl. dazu [10]. Die praktische Nutzung dieses Polymerisationstyps ist deshalb limitiert.

Wesentlich gravierendere Einschränkungen folgen aber aus der Reaktivität der Anregungszustände der genannten Monomeren. Mit Ausnahme derjenigen von Epoxiden und Thiiranen [11, 12] reagieren die angeregten Zustände der anderen Monomeren nicht zu Makromolekülen. Die Photopolymerisationseffektivität der Ringverbindungen ist außerordentlich gering und eine Polymerbildungsreaktion des Epoxidringes ist bisher auch nur von Arylglycidethern bekannt.

Einige vinylische Monomere liefern unter Bestrahlung Dimere, die einen carbocyclischen Vierring enthalten [13]:

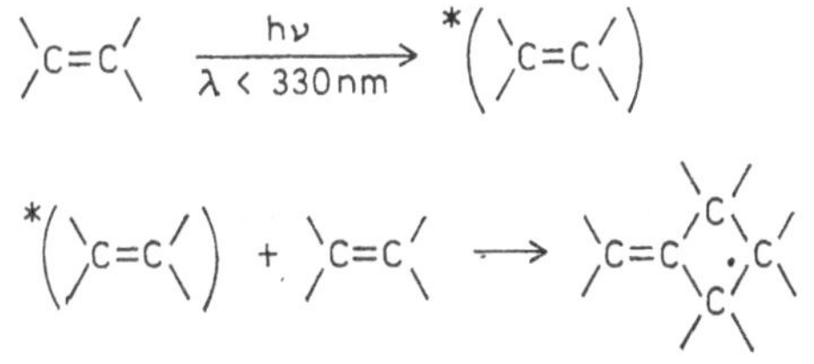

(2)

Damit ist die eingestrahlte Lichtenergie aber aufgebraucht und die Cyclobutanderivate lassen sich auch nicht durch erneute Anregung in Oligomere oder Polymere überführen. Die Anregungszustände von Carbonsäuren und Lactamen sind nicht zu Polykondensationsprozessen fähig.

Die in Gl. (2) formulierte [2 + 2]-Cycloaddition bietet aber zwei Möglichkeiten zu Polymeraufbauprozessen:

(1) Sind C=C-Doppelbindungen in Seitenketten an ein Polymergerüst gebunden, dann können über die Vierringe mehrere Polymerketten miteinander verknüpft werden. Derartige Prozesse verlaufen besonders effektiv im Festzustand, verlangen dann aber einen Abstand d der beiden C=C-Bindungen von 3,8 bis 4,0 nm (topochemische Reaktionskontrolle). Diese Bedingung

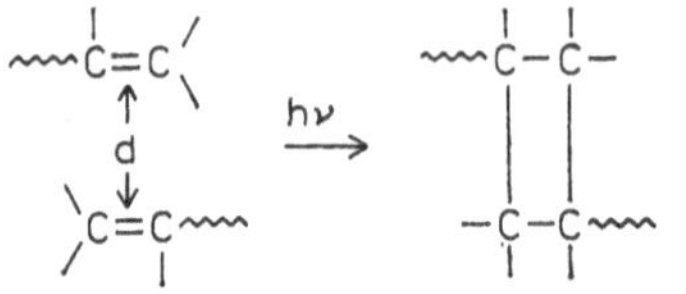

(3)

wird vor allem von polymersubstituierten Zimtsäureestern [14] und Maleinimiden [15] erfüllt.

(2) Enthalten die Monomeren (**1**) mindestens zwei Doppelbindungen, die über eine Spacergruppe R miteinander verbunden sind, dann können die beiden im Cyclobutandimeren (**2**) noch vorhandenen Vinylgruppen nach erneuter Anregung mit weiteren Grundzustandsmonomeren reagieren:

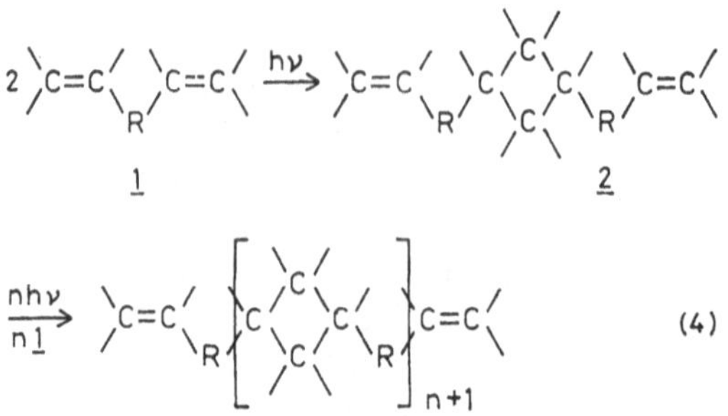

(4)

Solche Stufenwachstumsreaktionen führen letztlich zu Makromolekülen, deren Regio- und Stereoselektivitäten in vielen Fällen allerdings nicht bekannt sind. Zu den am meisten untersuchten Verbindungen (**1**) gehören Divinylderivate des Benzens bzw. Pyridazins [16] und Dimaleinimide [13].

Die Reaktionsfolge in Gl. (4) zeigt ein Charakteristikum dieser Art von direkter Photopolymerisation: zur Polymerbildung sind wenigstens genau so viele Lichtquanten notwendig, wie Monomermoleküle miteinander reagieren sollen. Da aber nicht jedes angeregte Molekül im Sinne einer Cycloaddition reagiert, sondern seine Energie auch durch andere physikalische Prozesse (Emission, Desaktivierung unter Wärmeabgabe) verlieren kann, benötigt man meist viel mehr Quanten als nach dem chemischen Umsatz theoretisch erforderlich wären ($\Phi < 1$).

In letzter Zeit wurde gefunden, daß der diskutierte Photopolymerisationstyp auch in konzentrierten Lösungen oder hochviskosen Medien abläuft [17]. Das ist für eine technische Anwendung außerordentlich bedeutungsvoll, da dadurch neue Anwendungsgebiete erschlossen werden. Wichtig für die praktische Nutzung ist außerdem, daß die [2 + 2]-Cycloadditionsreaktion sensibilisierbar ist. Einige Ketone (z. B. Michler's Keton, 5-Nitrofluorenon für die Cinnamate) sind dafür besonders geeignet.

Einige Diacetylene (**3**), in deren Kristallen die C≡C-Bindungen von zwei benachbarten Molekülen den erforderlichen Abstand von 3,8 bis 4,0 nm besitzen, polymerisieren nach ihrer Lichtanregung ebenfalls [18]. Im Gegensatz zu den Divinylverbindungen führt ein Kettenwachstumsmechanismus zur Polymerbildung:

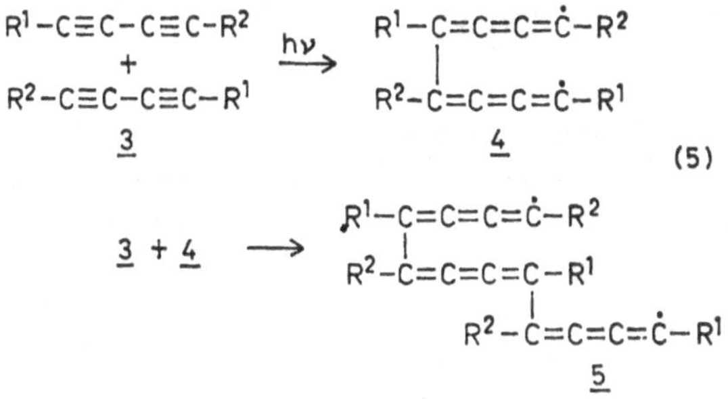

(5)

Kettenträger sind Diradikale der Dimeren (**4**), Trimeren (**5**) oder Oligomeren. Wie ersichtlich, erfolgt die Verknüpfung der Diacetylene jeweils über die C(1)- und C(4)-Atome, d. h. streng regiospezifisch. Das Diradikal (**4**) hat infolge seiner Bildung aus dem Anregungszustand von (**3**) genügend Überschußenergie (≈1 eV), so daß die Reaktionskaskade: Dimerdiradikal (**4**) → Trimerdiradikal (**5**) → Tetramerdiradikal → Polymerdiradikal ein Bergabprozeß ist. Die Kette bricht entweder infolge Kopplung der beiden ungepaarten Elektronen oder ihres Abfanges durch Kristallstörstellen ab. Durchschnittlich werden Quantenausbeuten von 1500 bis 2000 gefunden.

Infolge der topochemischen Reaktionskontrolle ist die direkte Photopolymerisation nur auf wenige Substituenten der Diacetylene anwendbar (z. B. $R^1 = R^2$: RNHCOO-$(CH_2)_4$-; $PhNHCOOCH_2$-; $PhSO_2$-$(CH_2)_4$-) und sie verläuft auch nur im Festzustand. Eine Sensibilisierung gelingt durch Anwendung der Monoschichttechnik [19].

2.2. *Initiierte Photopolymerisation*

Aus heuristischen Gründen ist es zweckmäßig, die initiierte Photopolymerisation auf ähnliche Weise zu klassifizieren, wie es für die analogen thermoinduzierten Reaktionen gebräuchlich ist. Demzufolge unterscheidet man:

– radikalinitiierte Photopolymerisation [20, 21]

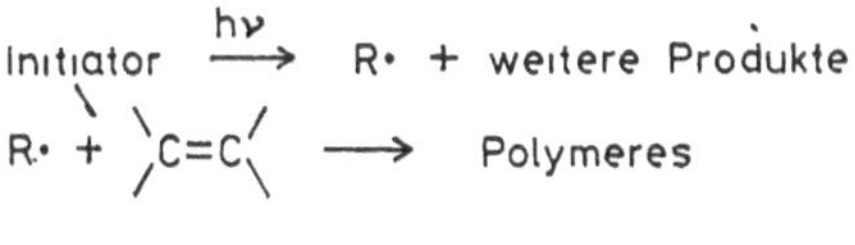

(6)

– kationisch initiierte Photopolymerisation [22, 23]

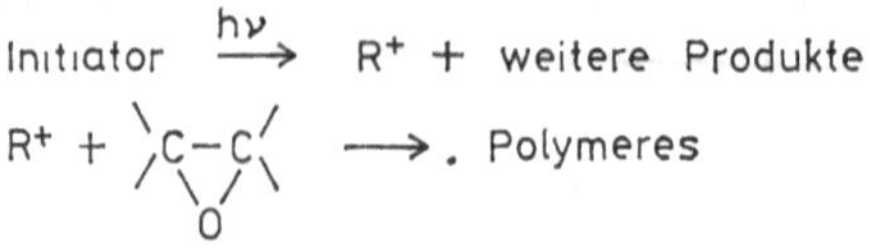

(7)

– anionisch initiierte Photopolymerisation [24]

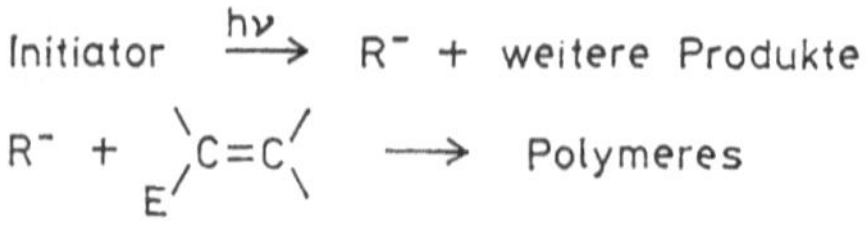

(8)

Aus Gln. (6) bis (8) wird deutlich, daß lichtinduzierte und thermoinduzierte Polymerisationen zahlreiche Gemeinsamkeiten besitzen. In erster Näherung unterscheiden sich ihre Mechanismen nur dadurch, wie das initiierende Spezies gebildet wird. Nach dessen lichtinduzierter Erzeugung schwenkt die Reaktion in die Schritte der „normalen" Polymerisation ein. Allerdings sind geringe Unterschiede insbesondere für den Kettenstart dadurch möglich, daß infolge der vom Initiatormolekül aufgenommenen Strahlungsenergie (sie liegt meist über der zur Stoffwandlung notwendigen Reaktionsenthalpie) die initiierenden Spezies einen hohen Energiegehalt besitzen.

Entscheidende Bedingungen dafür, Verbindungen als Initiatoren für Photopolymersysteme zu verwenden, sind:

(1) Die Anregungszustände der Produkte müssen entsprechend Gl. (6) bis (8) mit hohen Geschwindigkeitskonstanten ($k > 10^8\,s^{-1}$ bei monomolekularen Reaktionen) reagieren. Diese Forderung ist dadurch bedingt, daß die Initiatoranregungszustände noch durch weitere Prozesse desaktivieren. Dazu gehören insbesondere: die Desaktivierung unter Wärmeabgabe und die Löschung durch Sauerstoff, Monomere oder weitere Bestandteile des Photopolymersystems. Die Quantenausbeute Φ der chemischen Desaktivierung sollte groß sein ($\Phi \approx 0{,}4\ldots1$) und verlangt daher die hohen Geschwindigkeitskonstanten der Photoreaktion.

(2) Die entsprechend Gl. (6) bis (8) gebildeten Spezies müssen die Polymerisationsreaktionen effektiv initiieren. So kann z.B. eine Verbindung durchaus mit hoher Quantenausbeute Radikale liefern, infolge deren geringer Additionsneigung an vinylische Doppelbindungen als Initiator aber ungeeignet sein.

(3) Die Absorptionsmaxima (λ_{max}) der anzuregenden Verbindung sollten mit den Emissionsmaxima handelsüblicher Strahler übereinstimmen. Um möglichst alles eingestrahlte Licht (I_0^λ) auch in den dünnen Schichten zu absorbieren, ist ein hoher Extinktionskoeffizient ε^λ notwendig, damit die Initiatorkonzentration nicht zu hoch gewählt werden muß; vgl. Gl. (1). (Beispiel: Schichtdicke $d = 0{,}1$ cm, $\varepsilon^\lambda = 100\ \text{mol}\,l^{-1}\,\text{cm}^{-1}$, Konzentration $c = 10^{-2}\ \text{mol}\,l^{-1}$ – $E = 0{,}1$; d.h., nur 1 % des eingestrahlten Lichtes wird absorbiert).

(4) Das Produkt oder das Produktgemisch muß eine ausreichende Dunkellagerstabilität besitzen. Für einige praktische Anwendungen (z. B. Polygraphie, Reprographie) ist es erforderlich, daß bei der Umgebungstemperatur innerhalb von 6 Monaten keine Umsetzungen ablaufen, die initiierende Spezies liefern.

(5) Die Verbindung muß im Photopolymersystem genügend löslich sein; vgl. Folgerungen aus Bedingung (3). Da bei den praktischen Anwendungen meist in reinen Monomeren bzw. Oligomeren oder unter Zusatz polymerer Bindemittel gearbeitet wird, ist eine gute Löslichkeit in unpolaren Medien erforderlich. Dem kann in vielen Fällen durch Einführung von Alkylsubstituenten mit einer größeren Zahl von C-Atomen ($n \geq 4$) entsprochen werden.

Tabelle 1 Verbindungstypen, die als Initiatoren für eine radikalinitiierte Photopolymerisation dienen, ihre Spektraleigenschaften, sowie initiierende Radikale, die bei der Photoreaktion entstehen

Verbindungstypen	λ[a] in nm	ε in $l\,mol^{-1}cm^{-1}$	überwiegend initiierendes Radikal
Benzoinderivate	320–350	100–150	Benzoylradikal
Benzilketale	340–360	120–300	Benzoyl- und Alkylradikal
Phenylglyoxalacetale	320–350	120–250	Benzoyl- und Alkylradikal
α-Hydroxyalkylketone	320–350	100–150	Aroylradikal
Acylphosphinoxide	330–380	150–300	Acyl- und Phosphonylradikal
aliphatische Azoverbindungen	350–360	10–20	Alkylradikal
Peroxide	280–320	3–10	Alkyl- bzw. Arylradikal
aromatische Disulfide	350–420	10–30	Thiylradikale
α-Aroyloximester	320–350	150–300	Aroyl- und Alkylradikal
aromatische Ketone[b) + H-Donor[c]	320–370	100–200	Radikal des H-Donors
Thioxanthone + H-Donor[c]	340–420	7000	Radikal des H-Donors
Chinone + H-Donor[c]	340–460	900–2000	Radikal des H-Donors
Heterocyclen + H-Donor[c]	300–390	20–200	Radikal des H-Donors
Aromatische Ketone + Amine	320–360	100–200	Aminylradikal
Michler's Keton + aromatische Ketone	330–400	35000	Aminylradikal
Farbstoffe + Elektronendonor	500–800	10000–50000	Radikal des Elektronendonors
Farbstoffe + H-Donor	500–800	10000–50000	Radikal des H-Donors
aromatische Oniumverbindungen	300–370	10–80	Arylradikale

[a] langwelligstes Absorptionsgebiet, nicht immer ein Maximum; [b] überwiegend substituierte Benzophenone; [c] Mercaptane, Silane, sek.-Alkohole, Ether; [d] Amine, EDTA, Allylthioharnstoffe, Sulfinsäuren, Ascorbinsäure, Thioamide

(6) Die Verbindung muß auf ökonomische Weise herstellbar sein und darf keine negativen physiologischen Wirkungen besitzen.

Infolge dieser komplexen Forderungen ist es nicht verwunderlich, daß nur wenige Verbindungen als Photoinitiatoren geeignet sind und noch weniger tatsächlich in der Praxis genutzt werden. Übersichten über typische Initiatoren für radikalinitiierte und kationisch initiierte Photopolymerisationen geben die Tab. 1 und 2. Weitere Informationen können den angeführten Review-Artikeln entnommen werden.

Da das Monomere in erster Näherung erst in die nichtphotochemischen Schritte der Polymerbildung eingreift, können prinzipiell alle Verbindungen verwendet werden, die für den entsprechenden Typ der thermoinduzierten Umsetzung nutzbar sind. Dabei

Tabelle 2 Verbindungstypen, die als Initiatoren für eine kationisch initiierte Photopolymerisation dienen, ihre Spektraleigenschaften sowie Quantenausbeuten ihrer Photoreaktion (Φ_{in})

Verbindungstypen	λ [a] in nm	ε in $l\ mol^{-1}\ cm^{-1}$	Φ_{in}
Aryldiazoniumsalze	270 – 550	30000 – 10000	0,02 – 0,4
Diaryliodoniumsalze	270 – 350	300 – 5	0,1 – 0,9
Triarylsulfoniumsalze	270 – 410	10000 – 5	0,1 – 0,3
Triarylalkylphosphoniumsalze	270 – 300		0,05 – 0,2
Triarylammoniumsalze	270 – 300		0,1 – 0,5
Thiopyryliumsalze	350 – 450	20000 – 10000	unbekannt
Phenacyldialkylsulfoniumsalze	270 – 320	9000 – 2000	1
Phenacylsulfoxoniumsalze	270 – 320	9000 – 2000	1
Sulfonsäure von Hydroxyketonen	320 – 350	1000 – 20	unbekannt
Phenacylammoniumsalze	270 – 320	9000 – 2000	unbekannt
Perhalogenide	350 – 460	80 – 20	unbekannt
Prototrope Nitroverbindungen	320 – 360	10000 – 600	unbekannt

[a] langwelligstes Absorptionsgebiet, nicht immer ein Maximum

muß aber beachtet werden, daß in einigen Fällen die Monomere den Anregungszustand des Initiators durch physikalische Prozesse löschen können. Dadurch werden die initiierenden Spezies entsprechend Gln. (6) bis (8) nur mit geringer Quantenausbeute oder im Extremfall überhaupt nicht gebildet.

Bei Copolymerisationen kann man in einigen Fällen auftretende EDA-Komplexbildung, die mit einer langwelligen Absorption verbunden ist, für eine photoinduzierte Polymerisation ohne Initiatoranwendung ausnutzen [24].

3. Bivalente Photoinitiierung der Polymerisation

3.1. Allgemeine Charakterisierung des Initiierungsprinzips

Zusätzlich zu den in Gln. (6) bis (8) formulierten Umsetzungen gelingt es, durch Bestrahlungen von Initiatorsystemen aus einem photochemischen Primärakt gleichzeitig Radikale und Kationen zu bilden:

$$\text{Initiator} \xrightarrow{h\nu} R\cdot + R^{+} + \text{weitere Produkte} \qquad (9)$$

Dieser Typ von Photoinitiatoren ist erst seit kurzem bekannt und wird als „concurrent radical-cationic photoinitiator" [25] oder bivalente Initiatoren [26] bezeichnet. Mit solchen Systemen wird es möglich, sowohl radikalische als auch kationische Polymerbildungsprozesse auszulösen. Gl. (9) schließt aus, daß für Gemische von radikalischen und kationischen Photoinitiatoren ebenfalls diese Bezeichnung gewählt wird.

Bei der Kombination der radikalinitiierten und der kationisch initiierten Photopolymerisation werden spezifische Vorteile beider Reaktionswege vereint. Die radikalische Polymerisation ist durch hohe Polymerisationsgeschwindigkeiten charakterisiert; d.h., der für eine Differenzierung des Systems erforderliche hohe Umsatz wird in kurzer Zeit erreicht. Da die Reaktionskette der kationischen Polymerisation im Gegensatz zu der der radikalischen Reaktion nicht durch Sauerstoff beeinflußt wird, ist eine ausreichende Härtung der Oberfläche von Photopolymersystemen ohne zusätzliche und aufwendige Maßnahmen der O_2-Entfernung zu erwarten. Kationisch polymerisierte Systeme schrumpfen bei der Polymerbildung weniger, so daß sich, unterstützt durch chemische Wechselwirkungen eine bessere Haftung auf den verschiedensten Trägern ergibt.

Es liegt im Wesen von Gl. (9), daß bivalente Photoinitiatoren Salze oder salzartige Stoffe enthalten können. Die Kationen dieser Produkte dürfen unter Lichtausschluß keine ionischen Polymerisationen initiieren. Diese Bedingung erfüllen insbesondere Oniumsalze $R_nOn^+X^-$ (Aryldiazonium-, Diaryliodonium-, Triarylsulfonium-, Triarylalkylphosphonium- und Triarylalkylammoniumsalze).

Die bisher bekannten Prinzipien, nach denen die bivalenten Photoinitiatoren auf der Basis von Oniumsalzen arbeiten, lassen sich wie folgt einteilen:

(1) Prinzip der Direktphotolyse [27, 28]

$$R_nOn^+X^- \xrightarrow{h\nu} R\cdot + H^+X^- + \text{weitere Produkte} \qquad (10)$$

(2) Prinzip des photoinduzierten Elektronentransfers auf Oniumsalze

$$:D \xrightarrow{h\nu} :D^* \xrightarrow{R_nOn^+} D^{\dot{+}} + R\cdot + \text{weitere Produkte} \qquad (11)$$

(3) Prinzip des Elektronentransfers von nucleophilen Radikalen auf Oniumsalze

$$X \xrightarrow{h\nu} R_{nu} \xrightarrow{R_nOn^+} R_{nu}^{+} + R\cdot + \text{weitere Produkte} \qquad (12)$$

Wie aus Gln. (10) bis (12) ersichtlich, werden bei den verschiedenen Prinzipien unterschiedliche Typen von kationischen Spezies gebildet, während das Radikal stets aus dem Oniumsalz stammt.

(4) Prinzip des Elektronentransfers von nucleophilen Radikalen auf C-Halogen-Bindungen

$$X \xrightarrow{h\nu} R^{\cdot}_{nu} \xrightarrow{R-Y} R^{+}_{nu} + R\cdot + Y^- \qquad (13)$$

Der Elektronenakzeptor ist in diesem Fall eine Halogenverbindung (Y = Cl, Br), wobei der Substituent R weitere Elektronenakzeptorgruppen enthält (Halogen, COOR, CN, Aryl).

Die genannten vier Prinzipien verdeutlichen, daß Photoreaktionen unterschiedlichster Stoffe für die simultane Erzeugung von Radikalen und Kationen verwendbar sind. Damit ist gewährleistet, daß die Absorptionsbedingungen über einen weiten Spektralbereich angepaßt und damit vielfältigen praktischen Anforderungen gerecht werden können.

Um das bivalente Photopolymerisationsprinzip zu realisieren, muß das Photopolymersystem sowohl radikalisch als auch kationisch polymerisierbare Monomere oder Oligomere enthalten. Dabei kann es sich um Mischungen individueller Stoffe handeln oder die erforderlichen Funktionalitäten befinden sich in einem Molekül (z. B. Glycidylmethacrylat).

Natürlich können die genannten Prinzipien auch für die Initiierung der radikalischen oder kationischen Polymerisation allein genutzt werden. Für die Direktphotolyse der Oniumsalze ist das evident, da deren Verwendung als kationische Photoinitiatoren auf der Zersetzungsreaktion ihrer Anregungszustände beruht. Bei den Reaktionsfolgen in Gln. (11) und (12) handelt es sich um eine sensibilisierte Oniumsalzzersetzung.

Mit Ausnahme des ersten Prinzips, über das in der angegebenen Literatur nachgelesen werden kann, sollen im folgenden einige Ergebnisse aus der Arbeitsgruppe des Autors zur bivalenten Photoinitiierung vorgestellt werden.

3.2. Prinzip des photoinduzierten Elektronentransfers auf Oniumsalze

In Schema 2 ist ein vereinfachter Mechanismus für den photoinduzierten Elektronentransfer zwischen einem Elektronendonor :D und Oniumsalzen dargestellt. Nach der Lichtanregung können sowohl der Singulettzustand (^{1}D:) als auch der Triplettzustand

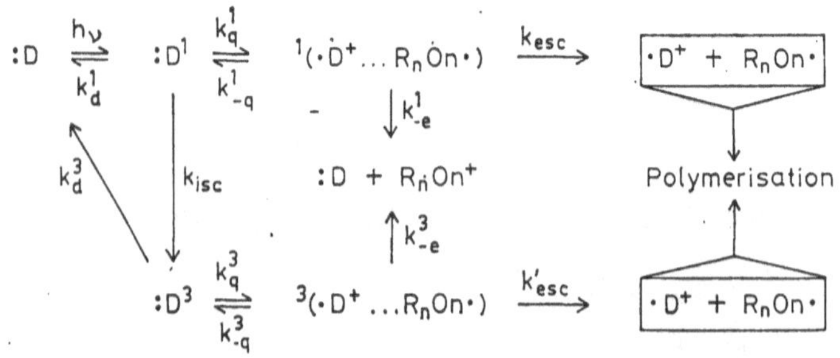

(^{3}D:) mit den Oniumsalzen reagieren. Diese Elektronentransferreaktionen müssen mit den physikalischen Desaktivierungen der Anregungszustände (k_d^1 bzw. k_d^3) konkurrieren. Entscheidend für die Initiierungseffektivität solcher Systeme bei Polymerisationen ist, mit welcher Effizienz η die freien Radikale $D^{+\cdot}$ bzw. $R_nOn\cdot$ gebildet werden. Der Wert von η hängt im hohen Maße davon ab, wie das Verhältnis der Geschwindigkeitskonstanten k_q und k_d bzw. k_{esc} und k_{-e} ist.

Im Rahmen der WELLER-Theorie können die freien Reaktionsenthalpien ΔG_{et} der Löschreaktion k_q mit Hilfe von Gl. (14) berechnet werden [29].

$$\Delta G_{et} = E_{1/2}^{ox}(D) - E_{1/2}^{red}(R_nOn^+) - E_{0,0}^D - \frac{e_0^2}{\varepsilon a} \qquad (14)$$

Als D: sind für die R_nOn^+ demnach aromatische Kohlenwasserstoffe [30, 31], Farbstoffe [32, 33], Ketone [34, 35, 36] und Chinone [37] infolge ihrer $E_{1/2}^{ox}$-Werte geeignet. Für viele der untersuchten Stoffsysteme lassen die berechneten ΔG_{et}-Werte (vgl. Tab. 3) überwiegend diffusionskontrollierte Löschung der S_1-Zustände der D: erwarten.

Tabelle 3 Elektrochemische Daten, nach Gl. (14) berechnete freie Reaktionsenthalpien (ΔG_{et}) und Löschkonstanten des S_1-Zustandes von Elektronendonatoren durch Oniumverbindungen (in CH_3CN/H_2O = 9/1 (v:v); in Anwesenheit von O_2)

D:	$E_{1/2}^{ox}$ V v. SCE	R_nOn^+	$E_{1/2}^{red}$ V v. SCE	ΔG_{et} eV mol^{-1}	$k_q^1\,10^{-9}$ M^{-1} s^{-1}
Tetracen	0,77	Ph_2I^+	−0,16	−1,7	22
		Ph_3S^+	−1,09	−0,8	12
		$(PhCH_2)Ph_3P^+$	−1,85	−0,003	0,24
Rubren	0,82	Ph_2I^+	−0,16	−1,3	11
		Ph_3S^+	−1,09	−0,4	<0,1
Anthracen	1,09	Ph_2I^+	−0,16	−2,0	16
		Ph_3S^+	−1,09	−1,1	15
		$(PhCH_2)Ph_3P^+$	−1,85	−1,5	2,5
		$(CH_3)Ph_3P^+$	−2,09	−0,1	0,82
		$(NCCH_2)Ph_3P^+$	−1,55	−0,6	17
Pyren	1,16	Ph_2I^+	−0,16	−2,0	15
		Ph_3S^+	−1,09	−1,1	14
		$(PhCH_2)Ph_3P^+$	−1,85	−0,3	2,3
		$(NCCH_2)Ph_3P^+$	−1,55	−0,6	20
9,10-Diphenyl-anthracen	1,20	Ph_2I^+	−0,16	−1,1	18
		Ph_3S^+	−1,09	−0,6	11
		$(PhCH_2)Ph_3P^+$	−1,85	0,001	3,8
Thioxanthon	1,8	$p\text{-}ClC_6H_4N_2^+$	0,35	−1,4	8,5
Fluorenon	1,7	$p\text{-}ClC_6H_4N_2^+$	0,35	−0,9	8,6
Fluorescein		Ph_2I^+	−0,16		19
Acridingelb		Ph_2I^+	−0,16		21

warten. Die experimentell ermittelten k_q^1-Werte (aus einer STERN-VOLMER-Auswertung der Fluoreszenz- bzw. Lebensdauerlöschung) stimmen mit den Berechnungen überein. Durch den blitzlichtspektroskopischen Nachweis der Donoroxydations-Radikale ($D^{\overset{+}{\cdot}}$ im Fall der aromatischen Kohlenwasserstoffe, D· im Fall der anionischen Farbstoffe) ist der Elektronentransfer mittels Produktbildung belegt.

Die durch Reduktion der Oniumsalze entstehenden R_nOn-Radikale fragmentieren:

$$R_nOn\cdot \xrightarrow{k_{fr}} R_{n-1}On + R\cdot \qquad (15)$$

Die Geschwindigkeitskonstanten k_{fr} dieser Reaktion sind hoch ($k_{fr} \approx 10^7 - 10^{10}\ s^{-1}$). Es gelang bisher mit Ausnahme der Diazoniumsalze [38] und der Triphenylsulfoniumsalze [39] nicht, diese Radikale sicher zu identifizieren. Ihr Auftreten kann aber infolge der hohen Ausbeuten an $R_{n-1}On$ (N_2 bei ArN_2^+, ArI bei Ar_2I^+, Ar_2S bei Ar_3S^+, Ar_3P bzw. Ar_2RP bei Ar_3RP^+) als gesichert gelten.

Die für die meisten Kombinationen gemessenen hohen Löschkonstanten k_q^1 gewährleisten, daß bei Oniumsalzkonzentrationen $>5 \cdot 10^{-2}$ M der S_1-Zustand der D: (Lebensdauer $\tau \approx 10^{-8} - 10^{-9}$ s) überwiegend durch den Elektronentransfer gelöscht wird. Dadurch sind günstige Eingangsbedingungen für eine effektive Radikalbildung entsprechend Schema 2 gegeben. Eine Elektronentransferreaktion aus dem S_1-Zustand als Prinzip bivalenter Initiatoren ist für eine praktische Anwendung vorteilhaft, da infolge der geringen τ^1-Werte eine konkurrierende Löschung durch O_2 ausgeschlossen werden kann.

Analoge Daten über die Reaktion der Triplettzustände von Elektronendonatoren sind in Tab. 4 zusammengestellt. Wie entsprechende experimentelle Untersuchungen zeigen, reagieren von den angeführten Oniumverbindungen nur noch die elektrophilen Aryldiazonium- und Diaryliodoniumsalze. Das stimmt mit den berechneten positiven ΔG_{et}-Werten für die anderen Salze überein ($E_{0,0}^1 > E_{0,0}^3$). Überraschend sind die niedrigen k_q^3-Werte (gemessen durch $T_1 - T_n$-Absorptionsspektroskopie), die infolge

Tabelle 4 Elektrochemische Daten, nach Gl. (14) berechnete freie Reaktionsenthalpien (ΔG_{et}) und Löschkonstanten des T_1-Zustandes von Elektronendonatoren durch Oniumverbindungen (in CH_3CN/H_2O = 9/1 (v:v); T = 20°C; in Anwesenheit von O_2)

D:	$E_{1/2}^{ox}$ V v. SCE	R_nOn^+	$E_{1/2}^{red}$ V v. SCE	ΔG_{et} eV mol^{-1}	$k_q^3 \cdot 10^{-7}$ $M^{-1}\ s^{-1}$
Benzophenon	2,3	$C_6H_5N_2^+$	0,29	−1,0	380
Xanthon	1,8	$C_6H_5N_2^+$	0,29	−1,7	980
Benzil	2,0	p-$ClC_6H_4N_2^+$	0,35	−0,7	100
Michler's Keton	1,15	Ph_2I^+	−0,16	−1,2	0,7
Anthracen	1,09	Ph_2I^+	−0,16	−0,6	0,7
Pyren	1,16	Ph_2I^+	−0,16	−0,8	1,2
Thiopyronin		Ph_2I^+	−0,16	−0,6	1

der stark negativen ΔG_{et} teilweise sogar den Wert von diffusionskontrollierten Reaktionen besitzen sollten. Mit dem vorliegenden Material kann diese Diskrepanz nicht befriedigend erklärt werden.

Trotzdem bleibt festzuhalten, daß auch die T_1-Zustände der D: von einigen Oniumsalzen gelöscht werden können. Mit Hilfe der CIDNP-Technik konnte für Ketone der Elektronentransfer-Mechanismus dieser Löschung eindeutig nachgewiesen werden [34]. Damit ist auch für diesen Fall die potentielle Möglichkeit gegeben, daß durch eine Reaktionsfolge entsprechend Schema 2 polymerisationsauslösende Spezies entstehen.

Wie ein Vergleich der D: in den Tab. 3 und 4 zeigt, kann bei einigen Verbindungen sowohl der S_1- als auch der T_1-Zustand mit den Oniumsalzen reagieren. Welche Reaktion tatsächlich abläuft, wird vorrangig durch die kinetischen Verhältnisse determiniert. Für die Effizienz der Bildung des T_1-Zustandes (η_{isc}) ergibt sich aus Schema 2:

$$\eta_{isc} = \frac{k_{isc}}{k_q^1 [R_nOn^+] + k_d^1 + k_{isc}} \qquad (16)$$

Damit ist der η_{isc}-Wert stark von der R_nOn^+-Konzentration abhängig. Mit Hilfe der bekannten k_{isc} und den von uns gemessenen k_q^1 kann η_{isc} berechnet werden. In Tab. 5 sind für $[R_nOn^+] = 10^{-2}$ M einige Werte zusammengestellt. Es ist erkennbar, daß das Ausmaß der T_1-Bildung außerordentlich stark divergiert und in einigen Fällen die kinetischen Voraussetzungen keinen Elektronentransfer vom T_1 ermöglichen. Eine weitergehende Diskussion dieser Verhältnisse unter Einschluß experimenteller Ergebnisse bei verschiedenen $[R_nOn^+]$ kann [31] entnommen werden.

Es wurde bereits mehrfach betont, daß letztlich nur die in Schema 2 besonders gekennzeichneten Spezies eine Polymerisation initiieren können. Eine kinetische Model-

Tabelle 5 Effizienz der Bildung des Triplett-Zustandes für Elektronendonor/Oniumsalz-Kombinationen[a)]

D:	R_nOn^+	k_{isc} s^{-1}	η_{isc}
Benzophenon	PhN_2^+	$7{,}1 \cdot 10^{10}$	≈ 1
	Ph_2I^+		≈ 1
Xanthon	PhN_2^+	$1{,}3 \cdot 10^{11}$	≈ 1
Thioxanthon	$p\text{-}ClC_6H_4N_2^+$	$9{,}4 \cdot 10^8$	0,92
Anthracen	Ph_2I^+	$2{,}0 \cdot 10^8$	0,47
	Ph_3S^+		0,51
	$(PhCH_2)Ph_3P^+$		0,88
Fluorenon	$p\text{-}ClC_6H_4N_2^+$	$5{,}9 \cdot 10^7$	0,39
Pyren	Ph_2I^+	$3{,}3 \cdot 10^7$	0,02
	Ph_3S^+		0,02

a) berechnet nach Gl. (16) für $[R_nOn^+] = 10^{-2}$ M

lierung für diese Situation ergibt folgenden linearen Zusammenhang zwischen der Quantenausbeute ihrer Bildung (Φ_{in}) und der Oniumsalzkonzentration:

$$\frac{1}{\Phi_{in}} = \frac{k_{sep} + k_{-e}}{k_q \tau^0 k_{sep}} \frac{1}{[R_nOn^+]} + \frac{k_{sep} + k_{-e}}{k_{sep}} \tag{17}$$

Dabei wurde vorausgesetzt, daß nur ein Anregungszustand reagiert. Die experimentellen Ergebnisse gehorchen einer solchen Beziehung [30, 31, 32]. Werte für die Quantenausbeute der Oniumsalz- bzw. Donatorzersetzung bei einer $[R_nOn^+] = 10^{-2}$ M sind in Tab. 6 zusammengefaßt. Sie stimmen in den meisten Fällen mit den maximal erreichbaren Quantenausbeuten überein und zeigen an, daß polymerisationsauslösende Spezies mit durchaus befriedigenden Ausbeuten gebildet werden.

Tabelle 6 Quantenausbeuten (Φ_{in}) der Oniumsalzzersetzung (a) bzw. Donatorabnahme (b) bei einer Oniumsalzkonzentration von 10^{-2} M (in $CH_3CN/H_2O = 9/1$ (v:v); T = 20°C; λ = 365 nm)

D:[a]	R_nOn^+	Φ_{in}	D:[b]	R_nOn^+	Φ_{in}
Benzophenon	$p\text{-}ClC_6H_4N_2^+$	0,37	Anthracen	$p\text{-}ClC_6H_4N_2^+$	0,42
	Ph_2I^+	0,06		Ph_2I^+	0,22
	Ph_3S^+	0,015		Ph_3S^+	0,20
	$(NCCH_2)Ph_3P^+$	≈0		$(NCCH_2)Ph_3P^+$	0,40
Thioxanthon	$p\text{-}ClC_6H_4N_2^+$	0,80	9,10-Diphenyl-anthracen	$p\text{-}ClC_6H_4N_2^+$	0,27
	Ph_2I^+	0,27		Ph_2I^+	0,21
	Ph_3S^+	0,01		Ph_3S^+	0,27
	$(NCCH_2)Ph_3P^+$	≈0		$(NCCH_2)Ph_3P^+$	0,34
Fluorenon	$p\text{-}ClC_6H_4N_2^+$	0,02	Acridingelb	Ph_2I^+	0,14
	Ph_2I^+	0,008		Ph_3S^+	≈0
	Ph_3S^+	0,006	Fluorescein	Ph_2I^+	0,55
				Ph_3S^+	≈0

Tatsächlich sind die diskutierten Initiatorsysteme in der Lage, sowohl eine radikalische [35, 37, 39–41] als auch eine kationische Polymerisation [28, 42, 43] zu initiieren. Um die Initiierungseffektivitäten der verschiedenen Systeme miteinander vergleichen zu können, muß man die Polymerisationsquantenausbeute Φ_p mit einem Modellmonomer messen.

Für radikalinitiierte Reaktionen gilt folgende Definitionsgleichung:

$$\Phi_p = \frac{v_p V_r}{I_0} \tag{18}$$

v_p Bruttopolymerisationsgeschwindigkeit; V_r Reaktionsvolumen; I_0 eingestrahlte und absorbierte Lichtintensität pro Zeiteinheit

Setzt man in Gl. (18) die entsprechende Beziehung für v_p ein [20], ergibt sich

$$\Phi_p = \frac{k_p}{\sqrt{k_t}} [M] \sqrt{\Phi_{in} (f_{D^+} + f_{R^\cdot}) \frac{V_r}{I_0}} . \qquad (19)$$

k_p, k_t Geschwindigkeitskonstanten des Wachstums und des Abbruchs der Polymerisationskette; f Initiierungseffektivität der Radikale.

Es wird deutlich, daß Φ_p wiederum von den Konzentrationsverhältnissen im bivalenten Initiatorsystem, aber auch von der Intensität des eingestrahlten Lichtes abhängt.

Unter vergleichbaren Bedingungen für Φ_p experimentell mittels eines Photodilatometers [44] ermittelte Werte sind in Tab. 7 zusammengefaßt. Einige Größen sind fast identisch mit denen des Benzoinisopropylethers ($\Phi_p = 40$), eines praktisch genutzten Photoinitiators für radikalinitiierte Polymerisationen.

Ein Vergleich der unterschiedlichen Photoinitiatorsysteme ergibt, daß mehrere Einflußfaktoren auf die Φ_p-Werte wirken. Einerseits wird eine analoge Abhängigkeit wie bei den Φ_{in} deutlich, andererseits ist aber auch der Reaktivitätseinfluß der initiierenden Radikale (besonders evident für (n-But)Ph_3P^+ und (p-$CH_3C_6H_4$)Ph_3P^+) sichtbar. Mit dem z. Z. vorliegenden Material können diese komplexen Einflußfaktoren noch nicht vollgültig diskutiert werden.

Tabelle 7 Polymerisationsquantenausbeute (Φ_p) und Verhältnis der Bruttopolymerisationsgeschwindigkeiten mit (v_p^{on}) und ohne (v_p) Oniumsalzzusatz für die Polymerisation von Methylmethacrylat (MMA) mit bivalenten Initiatorsystemen (in $CH_3CN/H_2O = 9/1$ (v:v); T = 20°C; λ = 365 nm; O_2-Ausschluß; [MMA] = 4 M; [D]: = $[R_nOn^+] = 10^{-2}$ M; I_0 = 4,7–5,1 · 10^{-7} Einstein min^{-1}; V_R = 18 ml)

D:	R_nOn^+	Φ_p	v_p^{on}/v_p
Anthracen	Ph_3S^+	44	11,6
	$(NCCH_2)Ph_3P^+$	93	24
	$(PhCH_2)Ph_3P^+$	61	16
	$(CH_3)Ph_3P^+$	52	14
	$(n\text{-}C_4H_9)Ph_3P^+$	32	8,4
	$(p\text{-}CH_3C_6H_4)Ph_3P^+$	37	9,8
Thioxanthon	$p\text{-}ClC_6H_4N_2^+$	34	3,1
Fluorenon	$p\text{-}ClC_6H_4N_2^+$	45	3,6
Benzophenon	$p\text{-}ClC_6H_4N_2^+$	24	4,8
Benzil	$p\text{-}ClC_6H_4N_2^+$	41	41
9,10-Phenanthrenchinon	$p\text{-}ClC_6H_4N_2^+$	22	22

Wie Abb. 1 und 2 am Beispiel des $PhCH_2Ph_3P^+BF_4^-$/Anthracen-Systems zeigen, sind die nach Gl. (19) zu fordernden Abhängigkeiten tatsächlich erfüllt [39]. Die kinetischen Ergebnisse sind also mit dem diskutierten Mechanismus im Einklang. Für das gleiche System wird durch eine $\ln\Phi_p/\ln[MMA]$-Auftragung ein Monomerexponent von 1,03 gefunden.

Weitaus spärlicher sind bisher unsere Kenntnisse über die quantitativen Zusammenhänge bei der kationischen Polymerisation. Für aliphatische Bis-Epoxide liegen nur Gelzeituntersuchungen vor, die ergeben, daß aromatische Kohlenwasserstoffe und einige Farbstoffe bessere Donatoren sind als Ketone [42]. Bei diesen Untersuchungen wurde aber der entscheidende Konzentrationseinfluß im Initiatorsystem außer acht gelassen. Wie aus Schema 3 hervorgeht, beeinflußt bei Arylglycidethern das Lösungsmittel die Art der ablaufenden Reaktion entscheidend [43]. In methanolischer Lösung entstehen durch Ringöffnungsreaktionen die strukturisomeren Methoxyglycerolether. Bei Verwendung von Ketonen oder Aldehyden werden in präparativ guten Ausbeuten 1,3-Dioxolane gebildet. Nur bei einer Substanzreaktion kommt es zur Homopoly-

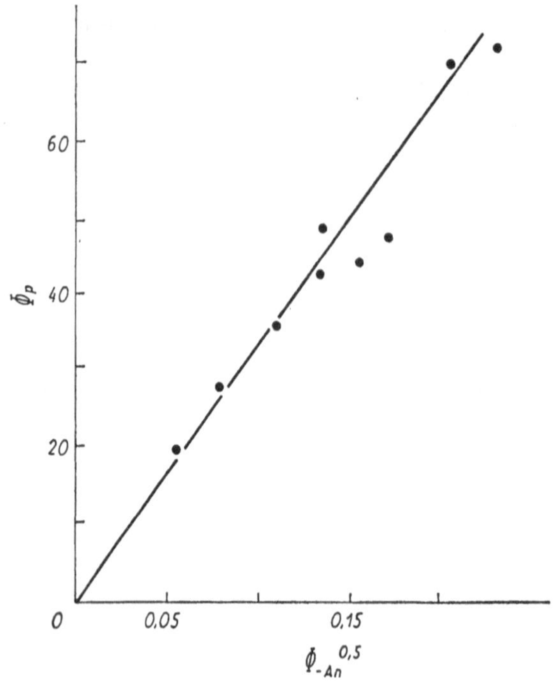

Abb. 1 Polymerisationsquantenausbeute Φ_p in Abhängigkeit von der Wurzel der Quantenausbeute der Initiatorabnahme Φ_{-An} im System Methylmethacrylat (MMA), Benzyltriphenylphoniumtetrafluoroborat (R_4P^+), Anthracen (An)([An] = 10^{-4} M; [R_4P^+] = 10^{-2} M; [MMA] = 4 M; [H_2O] = 2,2 M in CH_3CN; O_2-Ausschluß; λ = 365 nm; 25°C; I_O = $8{,}4 \cdot 10^{-4}$ Einstein · min^{-1}; V_R = 18 ml)

addition. Alle genannten Umsetzungen können mit aromatischen Kohlenwasserstoffen und Ketonen als Donatoren, sowie Diphenyliodonium- und teilweise Phosphoniumsalze als Akzeptoren initiiert werden. In jedem Fall muß aber ein wenig nucleophiles Anion vorhanden sein (PF_6^-, AsF_6, SbF_6^-). Es bedarf weiterer Untersuchungen, um ein vollständiges Bild aller Abhängigkeiten zu erhalten.

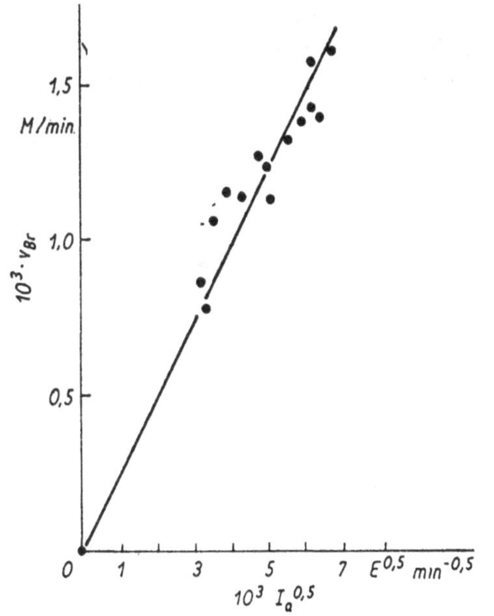

Abb. 2 Bruttopolymerisationsgeschwindigkeit v_{Br} in Abhängigkeit von der Wurzel der absorbierten Lichtintensität I_a (experimentelle Bedingungen wie Abb. 1)

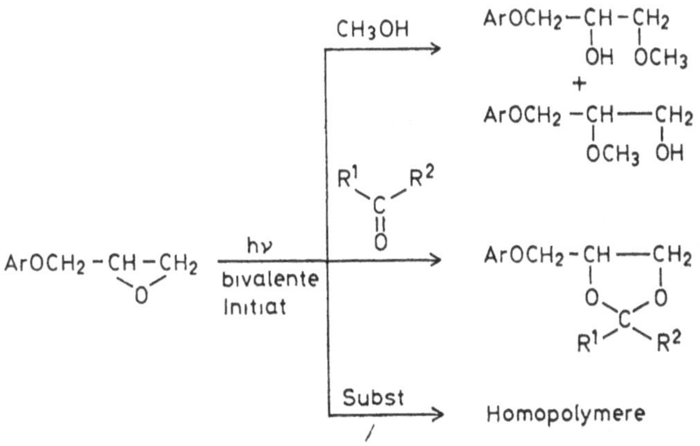

3.3. *Prinzip des Elektronentransfers von nucleophilen Radikalen auf Oniumsalze*

Die Nutzung des Elektronentransfers von nucleophilen Radikalen ($R^{\cdot}_{nu}$) auf Oniumsalze zur Photoinitiierung der Polymerisation verlangt, daß solche Radikale durch eine Photoreaktion gebildet werden. Um nicht die Zersetzung der Salze durch Direktphotolyse ins Spiel zu bringen, muß die photochemische Bildung der $R^{\cdot}_{nu}$ mit langwelligem Licht induziert werden ($\lambda > 330$ nm). Dadurch kann diese Reaktionsfolge wiederum als eine Sensibilisierung der photochemischen Oniumsalzzersetzung betrachtet werden.

Bisher ausgenutzte Photoreaktionen zur Bildung von $R^{\cdot}_{nu}$ sind in Gl. (20) bis (24) summarisch dargestellt.

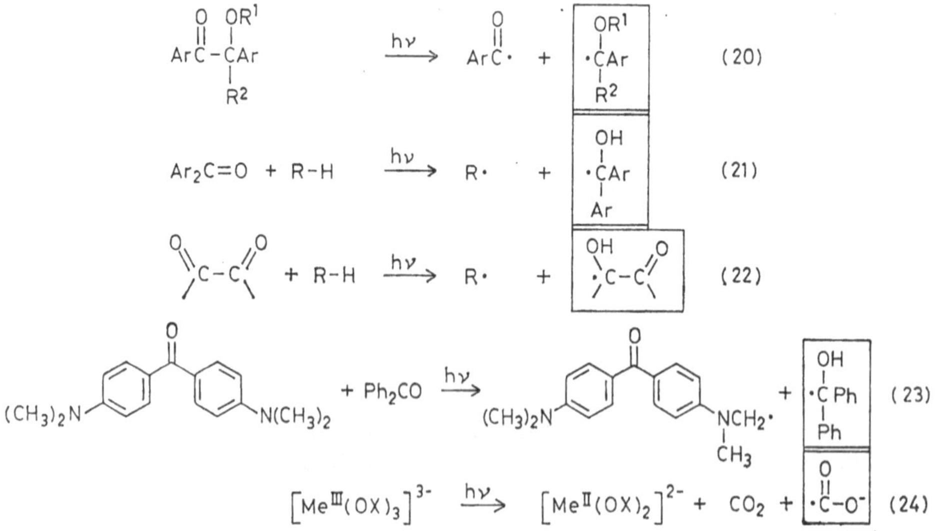

Die Photolyse von Benzoinderivaten, Benzilketalen und α-hydroxysubstituierten Aroylalkylketonen liefert Acyl- und nucleophile α-Ether- bzw. Ketylradikale ($R^1 = H$) (Gl. (20)) [45–49]. Ketylradikale entstehen auch bei der H-Abstraktionsreaktion angeregter Ketone (R–H: Sulfide, Ether, Alkohole, Amine (hier liegt allerdings eine Kopplung von Elektronen- und Protonentransfer vor)), (Gl. (21)) [35, 40, 42]. Die analoge Reaktion von angeregten o- oder p-Chinonen ergibt Semichinonradikale (Gl. (22)) [37]. Ketyl- oder Semichinonradikale werden auch in einem Gemisch von MICHLER's Keton (MK) mit aromatischen Ketonen oder Chinonen gebildet [45]. In derartigen Stoffkombinationen wird das eingestrahlte Licht überwiegend durch das MK absorbiert (Gl. (23)). Nucleophile Formiat-Anionenradikale entstehen durch eine Photoredoxreaktion von komplexen Metalloxalaten (Me^{III}: Fe^{III}, Co^{III} ((Gl. (24)) [49, 51–54].

Damit das bivalente Initiierungsprinzip wirksam werden kann, dürfen sich die besonders gekennzeichneten Radikale in Gln. (20) bis (24) nicht effektiv an C=C-Bindungen addieren, müssen aber eine hohe Geschwindigkeitskonstante des Elektronentransfers (k_e) auf Oniumsalze besitzen. Die dazu notwendigen Voraussetzungen lassen sich gut mit Hilfe des Grenzorbital-Konzepts [55] darstellen. Eine besonders günstige Situation für k_e ist in Schema 4 für ein vinylisches Monomer dargestellt. Die für eine

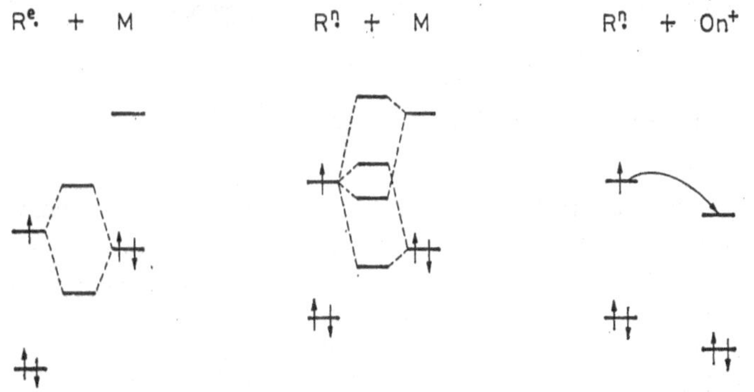

Addition an die Doppelbindung erforderliche Wechselwirkung zwischen dem SOMO des Radikals und dem HOMO bzw. LUMO des Monomeren ist infolge des großen Energieabstandes nur äußerst schwach ausgeprägt. Deshalb wirken solche Radikale als Kettenabbrecher, was nur zur Oligomerenbildung führt oder eine Polymerisation ganz verhindert. Weit günstiger ist dagegen eine Elektronentransferreaktion vom SOMO des Radikals auf das energetisch tieferliegende LUMO des Oniumsalzes (Bergabprozeß). Durch diesen Elektronentransfer entstehen R_nOn-Radikale, die entsprechend Gl. (15) fragmentieren. Auf diese Weise werden elektrophile Radikale gebildet (im Fall der verwendeten Oniumsalze sind es Arylradikale).

Die im Schema 4 charakterisierte Situation zeigt, daß die relativen Energielagen der HOMO's bzw. LUMO's der Oniumsalze darüber entscheiden, ob die Bildung von elektrophilen Radikalen und Kationen entsprechend Gl. (12) möglich ist. Gemäß diesen Vorstellungen kann die freie Reaktionsenthalpie für die Elektronentransferreaktion ΔG_{et} wie folgt berechnet werden:

$$\Delta G_{et} = E_{1/2}^{ox}(R_{nu}^{\cdot}) - E_{1/2}^{red}(R_nOn^+) - \frac{e_0^2}{\varepsilon a} \qquad (25)$$

Da in den meisten Fällen das Oxydationspotential des nucleophilen Radikals unbekannt ist, kann ΔG_{et} nicht vorausberechnet werden.

Aus den photochemischen Bildungsreaktionen (20) bis (23) der nucleophilen Radikale folgt, daß stets noch ein weiteres Radikal gebildet wird. Es handelt sich dabei um elektrophile Radikale, die eine radikalische Polymerisation initiieren können; vgl. Schema 4. Untersucht man für solche Fälle nur die radikalische Polymerisation, sind bei Zusatz von Oniumverbindungen keine solch großen Effektivitätssteigerungen zu erwarten, wie sie in Tab. 7 für den Elektronentransfer aus Anregungszuständen gefunden wurden.

Eine kationische Polymerisation wird dagegen durch das Monomere kaum beeinflußt. Für kationisch polymerisierbare C=C-Monomere startet sowohl das elektrophile als auch das nucleophile Radikal eine radikalische Polymerisation wenig effektiv. Eine Konkurrenz zum Elektronentransfer, der erst die kationischen Spezies liefert, ist daher kaum ausgeprägt. Bei cyclischen Ethern als Monomere muß allerdings ein anderer Reaktionstyp beachtet werden. α-C–H-Bindungen solcher Produkte werden von elektrophilen Radikalen unter H-Abstraktion gespalten; z.B. im Fall von Epoxiden:

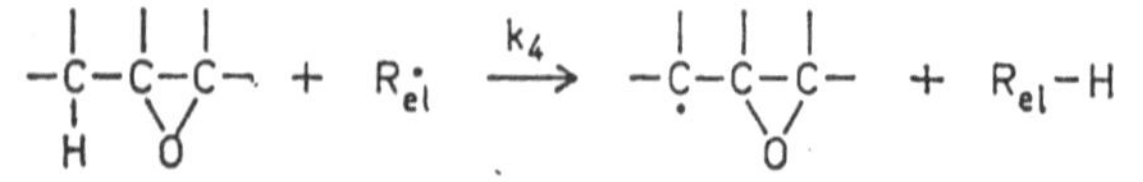

(26)

Die so gebildeten α-Etherradikale sind nucleophile Radikale, können also die Oniumsalze durch Elektronentransfer zersetzen. Insgesamt resultiert daraus eine Kettenreaktion der Oniumsalzzersetzung, wenn die elektrophilen Radikale nicht durch Konkurrenzreaktionen abgefangen werden.

Aus den obigen Diskussionen folgt, daß neben der effektiven Bildung der nucleophilen Radikale, d.h. hohen Quantenausbeuten der Reaktionen (20) bis (24), die k_e-Werte einen entscheidenden Einfluß auf die Bildung bivalent initiierender Spezies haben. Einige mit Hilfe von Kurzzeittechniken ermittelten k_e-Werte sind in Tab. 8

Tabelle 8 Geschwindigkeitskonstanten des Elektronentransfers (k_e) von nucleophilen Radikalen auf Oniumsalze (in CH_3CN/H_2O = 9/1 (v:v); T = 20°C; O_2-Ausschluß)

$R_{nu}^{\bullet}$	R_nOn^+	$k_e \cdot 10^{-7}$ $M^{-1}\,s^{-1}$
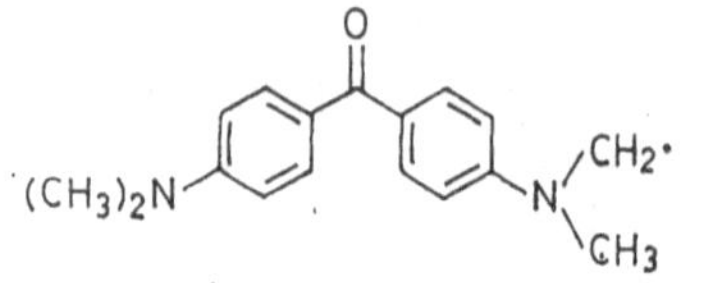	Ph_2I^+	3,6
	Ph_3S^+	1,6
	$(PhCH_2)Ph_3P^+$	1,5
$Ph_2\dot{C}-OH$	$p-ClC_6H_4N_2^+$	800
	Ph_2I^+	3,0
	Ph_3S^+	<1
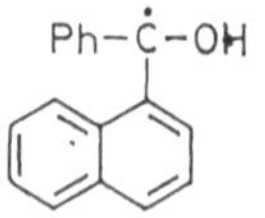	$p-ClC_6H_4N_2^+$	68
	Ph_2I^+	6,2
$CO_2^{\bar{\bullet}}$	$p-ClC_6H_4N_2^+$	≈ 1000
	Ph_2I^+	0,5
	Ph_3S^+	0,0004
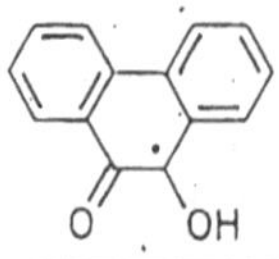	$p-ClC_6H_4N_2^+$	0,09
	Ph_3S^+	0,007

zusammengestellt. Infolge der hohen Geschwindigkeitskonstanten kann der Elektronentransfer schon bei niedrigen R_nOn^+-Konzentrationen ($\approx 10^{-2}$ M) mit anderen Desaktivierungsmöglichkeiten der $R_{nu}^{\cdot}$ konkurrieren. Die k_e sind allerdings über einen weiten Bereich gestreut. Der erwartete Elektronenaffinitätseinfluß der Oniumsalze wird deutlich. Mit dem bisher vorliegenden Material können Details (insbesondere über den konkreten Mechanismus) des Elektronentransfers noch nicht diskutiert werden.

Die Elektronentransferreaktion ist durch folgende Fakten bewiesen:

(1) Die Produktzusammensetzung der reinen Initiatorphotolyse entspricht den Erwartungen. In Schema 5 sind die Reaktionsprodukte für Benzoinderivat/Oniumsalz-Systeme angegeben, die isoliert werden konnten ($R_{n-1}On$: bei $ArN_2^+ = N_2$; bei $Ar_2I^+ = ArI$; bei $Ar_3S^+ = Ar_2S$). Die fast quantitative Bildung der Diketone (ArCOCOAr) zeigt an, daß das elektrophile Acylradikal nicht mit den Oniumsalzen reagiert. Aus der formulierten Reaktionsfolge wird für dieses Initiatorbeispiel nochmals die gekoppelte Bildung von Kationen und Radikalen deutlich.

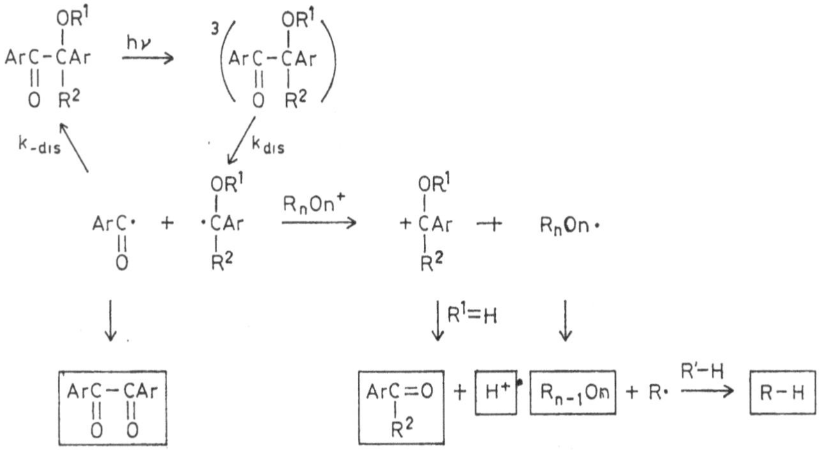

(2) Die in Schema 5 formulierte Rekombination (k_{-dis}) der Acyl- und α-Etherradikale führt dazu, daß man von den Ausgangsverbindungen ein CIDNP-Spektrum erhält [45]. Ein typisches Beispiel für den Benzoin-isopropylether **6** ist in Abb. 3 angeführt. Die Intensität der CIDNP-Signale kann bei Zugabe von Oniumsalzen gesenkt werden und ist z.B. in einer 10^{-2} molaren p-$ClC_6H_4N_2^+$-Lösung nahezu Null. Unter diesen Bedingungen wird das α-Etherradikal vollständig durch den Elektronenakzeptor oxydiert, seine Rekombination mit dem PhCO-Radikal ist daher nicht mehr möglich.

(3) Die durch den Elektronentransfer aus den Oniumsalzen gebildeten R·-Radikale lassen sich durch Spin-Trap-Experimente direkt nachweisen [56]. Im Schema 6 ist dafür ein konkretes stoffliches Beispiel angeführt. In Abwesenheit des Iodoniumsalzes können die ESR-Signale der beiden Spin-Trap-Radikale **8** und **9**

detektiert werden. Sie resultieren aus dem Abfang der durch C–C-Bindungsspaltung entstehenden Benzoyl- und Diphenylketylradikale. In 10^{-1} molaren Di-(p-tert.Butylphenyl)iodoniumsalzlösungen verschwinden die Signale von **9** und man erhält das Signalmuster von **8** und **10**. Das entspricht voll den Folgerungen des angenommenen Mechanismus.

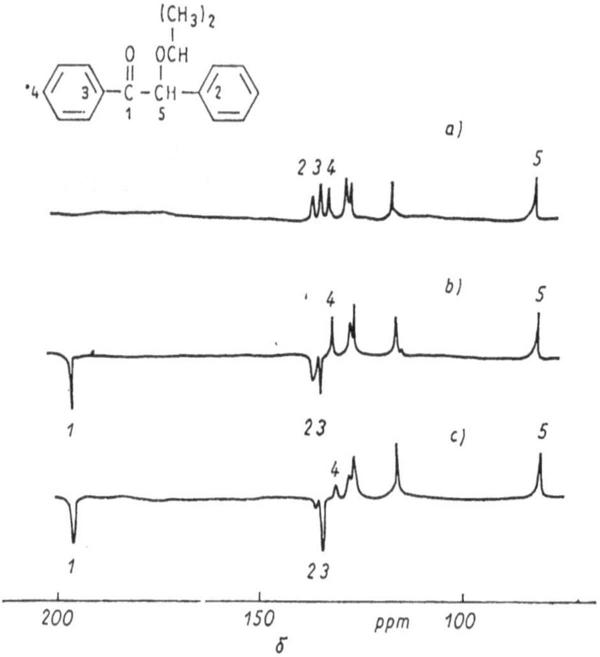

Abb. 3 ^{13}C-{^{1}H}-PFT-Spektren des Benzoinisopropylethers (BIPE) mit jeweils 500 Akkumulationen (in CH_3CN; O_2-Abwesenheit; [BIPE] = $2 \cdot 10^{-3}$ M)

a) vor der Bestrahlung

b) während der Bestrahlung

c) während der Bestrahlung unter Zusatz von 10^{-2} M p-Chlorbenzendiazoniumtetrafluoroborat

Wichtige Aufschlüsse darüber, welche Effektivität die jeweiligen Stoffsysteme als bivalente Initiatoren besitzen können, liefern die Quantenausbeuten der Oniumsalzzersetzung. Werte für Kombinationen von Stoffen, die entsprechend Gl. (20) bzw. Schema 5 reagieren, sind in Tab. 9 zusammengestellt. Wie erwartet, wird das stark unterschiedliche $E_{1/2}^{red}$ wirksam; vgl. analogen Einfluß bei den k_e-Werten in Tab. 8. Die Diazoniumsalze sind so effektive Elektronenakzeptoren, daß sie eine Rekombination der durch C–C-Bindungsspaltung gebildeten Radikale (k_{-dis} in Schema 5) verhindern. Dadurch sind die Φ_{-On} größer als die Φ_{α}. Insgesamt resultiert aus den Meßergebnissen, daß einige Stoffkombinationen befriedigende Zersetzungseffektivitäten besitzen und damit als bivalente Initiatoren interessant sind.

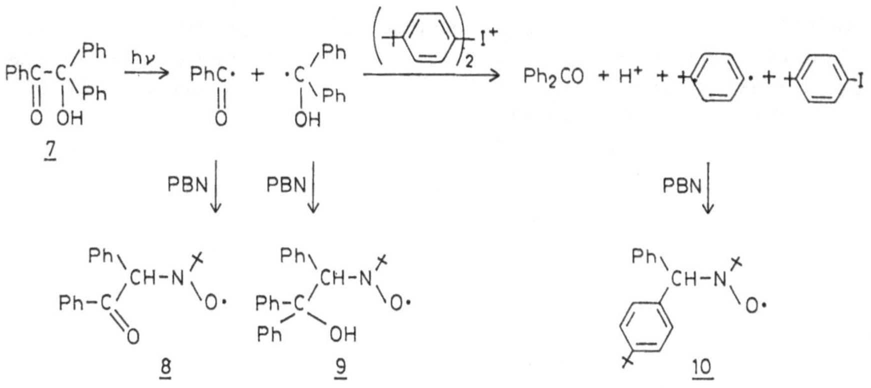

	8	9	10
a_N(mT)	1,40	1,41	1,44
$a_{\beta\text{-}H}$(mT)	0,446	0,213	0,250

Tabelle 9 Quantenausbeuten der durch $PhCO-C(OR^1)R^2Ph$ photoinduzierten Zersetzung von Oniumsalzen (in $CH_3CN/H_2O = 9/1$ (v:v), für $p\text{-}ClC_6H_4N_2^+$ in reinem CH_3CN; $\lambda = 365$ nm; $[R_nOn^+] = 10^{-2}$ M)

R^1	R^2	Φ_x a)	Φ_{-On} $p\text{-}ClC_6H_4N_2^+$ c)	Ph_2I^+ d)	Ph_3S^+ e)
H	H	0,41	0,70	0,12	0,019
$(CH_3)_2CH$	H	0,39	0,61	0,035	0,01
CH_3	H	0,42	0,65	0,031	
CH_3CO	H	0,33 a)	0,61	0,044	0,037
H	C_6H_5	0,10	0,64	0,032	0,016
CH_3	OCH_3	0,50	0,89	0,22	0,18
$-CH_2-CH_2-O-$		0,06	0,30	0,021	0,007

a) Quantenausbeute der Benzoinderivatphotolyse; b) gemessen in Methanol; c) gemessen an Hand des gebildeten N_2; d) Werte für die PhI-Bildung; e) Werte für die Benzenbildung

Werte für die radikalische Polymerisation von MMA mit Initiatorkombinationen aus Benzoinderivaten und Oniumsalzen sind aus Tab. 10 ersichtlich. In einigen Fällen treten beträchtliche Steigerungen der Polymerisationsgeschwindigkeiten auf. Dies zeigt an, daß eines der bei der Photolyse des Benzoinderivats gebildeten Radikale stark nucleophile Eigenschaften besitzt und damit die Polymerisationskette ohne Oniumsalzzusatz effektiv abbricht. Trotzdem scheinen Widersprüche zwischen den Werten in den Tab. 9 und 10 zu bestehen. Benzildimethylketal ($R^1 = CH_3$; $R^2 = OCH_3$) zersetzt z. B. Ph_2I^+ mit befriedigenden Quantenausbeuten ($\Phi_{-On} = 0{,}22$), das gleiche System bringt aber keine Effektivitätssteigerung bei der radikalischen Poly-

Tabelle 10 Polymerisationsquantenausbeuten (Φ_p) und Verhältnis der Bruttopolymerisationsgeschwindigkeiten mit (v_p^{On}) und ohne (v_p) Oniumsalzzusatz für die Polymerisation von Methylmethacrylat (MMA) mit PhCO–C(OR¹)R²Ph/R_nOn^+-Systemen (in CH_3CN/H_2O = 9/1 (v:v); T = 20°C; λ = 365 nm; O_2-Ausschluß; [MMA] = 4 M; [R_nOn^+] = 10^{-2} M; $I_0 = 3{,}1 \cdot 10^{-7}$ Einstein min⁻¹)

R^1	R^2	R_nOn^+	v_p^{On}/v_p	Φ_p
$(CH_3)_2CH$	H	$p\text{-}ClC_6H_4N_2^+$	1,1	49
		Ph_2I^+	1,2	53
CH_3CO	H	Ph_2I^+	1,6	30
		Ph_3S^+	1,2	22
H	Ph	$p\text{-}ClC_6H_4N_2^+$	4,7	42
		Ph_2I^+	1,9	26
CH_3	OCH_3	Ph_2I^+	1,0	60

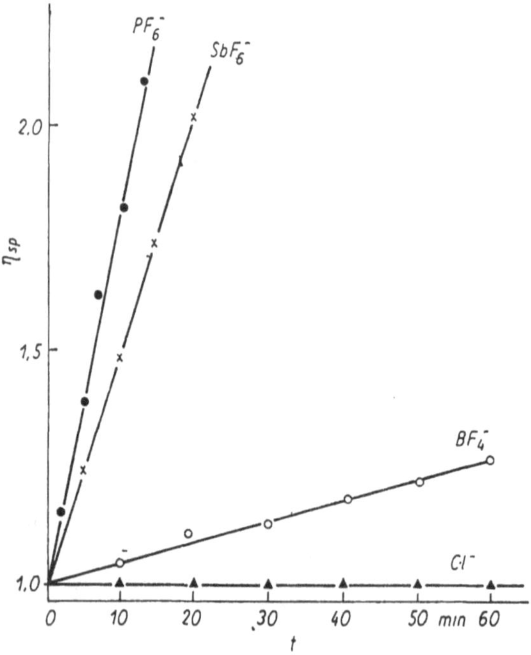

Abb. 4 Abhängigkeit der spezifischen Viskosität η_{sp} einer Isobutylglycidetherlösung von der Bestrahlungszeit in Gegenwart von α-Phenylbenzoin/p-Chlorbenzendiazoniumtetrafluoroborat-Systemen (in Aceton/Isobutylglycidether = 1/1 (v:v); Anregung: Hg-Mitteldrucklampe 250 W mit Filter UG 3; $I_a = 10^{-6}$ Einstein min⁻¹; 25°C; [α-Phenylbenzoin] = 10^{-2} M; [p-Chlorbenzentetrafluoroborat] = $2 \cdot 10^{-2}$ M)

merisation. In diesem Zusammenhang muß an die obige Diskussion des Grenzorbitaleinflusses erinnert werden. Durch die Dimethoxysubstitution des Benzylradikals wird dessen SOMO so weit angehoben, daß nunmehr eine Wechselwirkung mit dem LUMO des MMA möglich wird. Daraus resultiert auch ohne Oniumsalzzusatz eine effektive Polymerisationsinitiierung, die durch Abfang des $PhC(OCH_3)_2$-Radikals und Bildung von Ph-Radikalen (vgl. Schema 5) infolge des Elektronentransfers auf Ph_2I^+ nicht gesteigert werden kann. Dieser Fakt spricht nicht gegen das formulierte bivalente Initiierungsprinzip, da eine kationische Polymerisation mit Benzildimethylketal nur in Gegenwart von Ph_2I^+ ausgelöst werden kann.

Zur kationischen Polymerisation sind die diskutierten Initiatortypen bisher nur für Arylglycidether verwendet worden [57]. Dabei werden die gleichen Reaktionen beobachtet wie sie in Schema 3 bereits für andere bivalente Initiatoren beschrieben sind. Die Homopolymerisation der Glycidether hängt neben den bereits erwähnten Einflüssen wesentlich vom Anion des Oniumsalzes ab. Wie aus Abb. 4 ersichtlich,

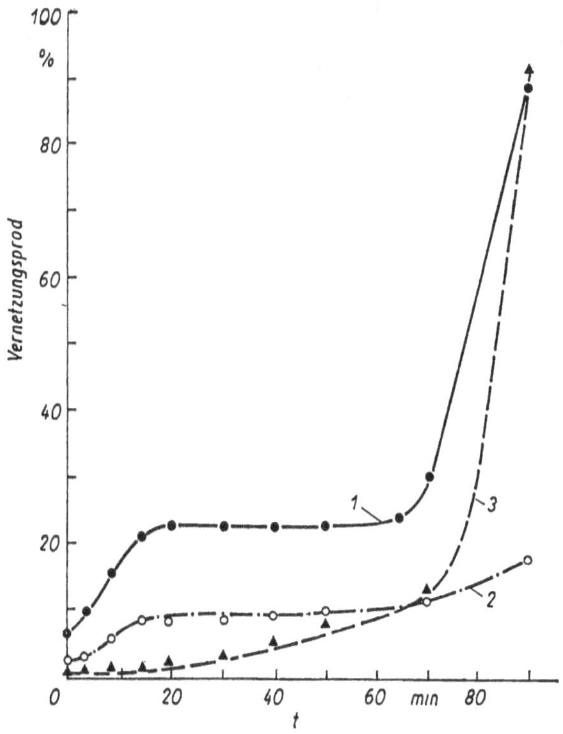

Abb. 5 Umsatz-Zeit-Kurven der photoinitiierten Vernetzung des Silicontyps NG 200 (VEB Chemiewerk Nünchritz) mit 4,5 Masse-% Tetraethoxysilan (1: 3,9 Masse-% Benzoinisobutylether + 5,2 Masse-% Triphenylsulfoniumhydrogensulfat, 2: 3,9 Masse-% Benzoinisobutylether, 3: 5,2 Masse-% Triphenylsulfoniumhydrogensulfat)

können nur solche Salze verwendet werden, die wenig nucleophile Anionen besitzen. Die gefundene Abstufung zwischen den Anionen stimmt mit Ergebnissen analoger Initiatorsysteme überein [22]. Die Quantenausbeuten der Homopolymerisation sind beträchtlich und liegen zwischen 400 und 800.

Die gekoppelte Bildung von Radikalen und Kationen ist auch zur photoinduzierten Vernetzung von Siliconen geeignet [58]. Auf diesem Wege ist es möglich, HO-gruppenterminierte polymere Silicone mit Tetraalkoxysilanen zu kondensieren und damit die Vernetzung herbeizuführen. Die Vernetzung wird durch H-Abstraktionen (hervorgerufen durch die Initiatorradikale) und Rekombinationen der so gebildeten Radikale unterstützt. Diese Vorstellungen werden durch die experimentellen Ergebnisse in Abb. 5 gestützt. Bestrahlt man ein Tetraethoxysilan/Silicongemisch nur mit Benzoinether, dann tritt erst nach längerer Bestrahlungszeit eine merkliche Vernetzung ein. Verwendet man nur das Oniumsalz, beobachtet man bereits nach kurzer Bestrahlung eine Vernetzung, deren Ausmaß aber nicht gesteigert werden kann. Die Kombination beider Initiatorkomponenten zum bivalenten Initiatorsystem ergibt den besten Effekt. Interessanterweise wirken Oniumsalze mit einem HSO_4^--Anion am effektivsten. Das stimmt mit den Ergebnissen thermoinduzierter Kondensationen zwischen den beiden Si-haltigen Produkten überein. Ein denkbarer Mechanismus für die diskutierte photoinduzierte Vernetzung ist aus Schema 7 ersichtlich.

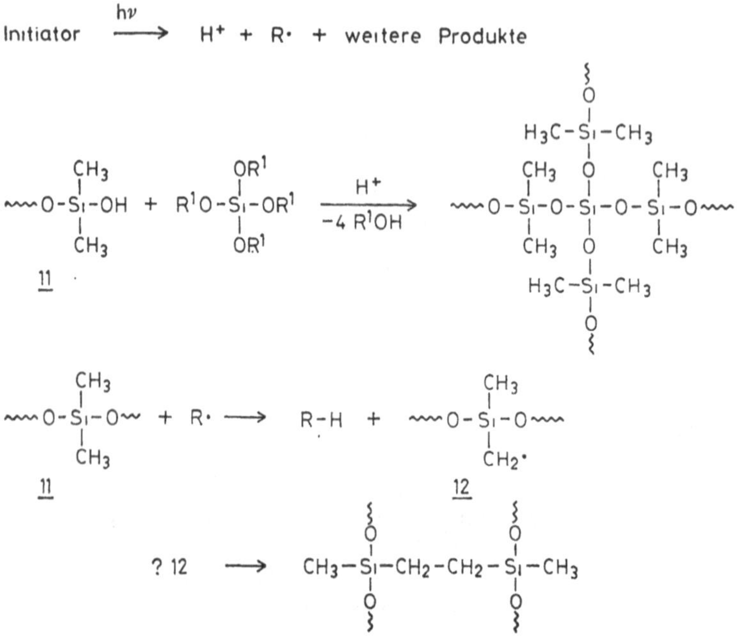

3.4. *Prinzip des Elektronentransfers von nucleophilen Radikalen auf C – Y-Bindungen*

Die entsprechend Gln. (20) bis (24) durch Photoreaktionen gebildeten nucleophilen Radikale sind in der Lage, das ungepaarte Elektron auf weitere Elektronenakzeptoren zu transferieren. Ein solcher Elektronentransfer auf Halogenverbindungen läßt sich ebenfalls zur bivalenten Initiierung von Polymerbildungsreaktionen verwenden [58, 59]. Das ist aus dem im Schema 8 summarisch formulierten Reaktionsmechanismus klar ersichtlich. Als Produkte mit einer C – Y-Bindung können Mono- oder Polychloralkane, Mono- oder Polybromalkane, entsprechende Benzylhalogenide sowie α- und β-substituierte Chlor- bzw. Bromester verwendet werden. Analoge C – F-Bindungen lassen sich nur mit geringer Effektivität spalten. Bei Iodalkylen verläuft der Elektronentransfer nicht so einheitlich; z. B. entstehen auch größere Mengen Iod.

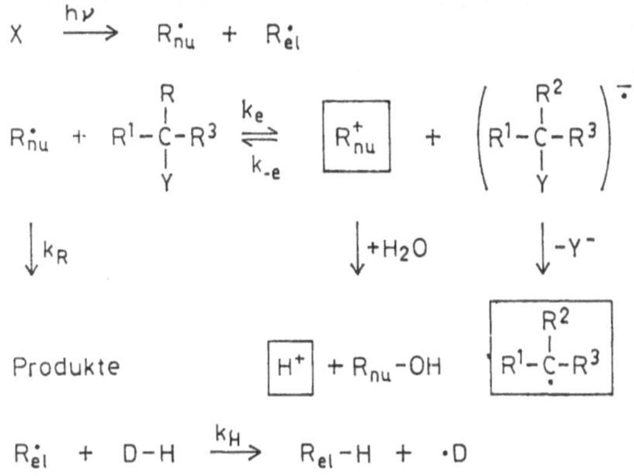

Ob durch den Elektronentransfer tatsächlich, wie im Schema 8 formuliert, das Anionenradikal der Halogenverbindung entsteht, ist z. Z. experimentell nicht gesichert. In Analogie zu pulsradiolytischen Untersuchungen ist der angenommene asynchrone Reaktionsablauf aber wahrscheinlich. Die Bildung der Alkylradikale ist durch Produktanalyse des reinen Initiatorsystems gesichert. Bei dessen Photolyse in einem effektiven H-Donorlösungsmittel (z. B. i-Propanol) wird in hohen Ausbeuten das Halogenatom durch Wasserstoff substituiert [60]. Die Reaktionsfolge in Schema 8 muß dann erweitert werden:

$$R^1-\overset{R^2}{\underset{R^3}{\overset{|}{\underset{|}{C}}}}\cdot + H-\overset{CH_3}{\underset{CH_3}{\overset{|}{\underset{|}{C}}}}-OH \longrightarrow R^1-\overset{R^2}{\underset{R^3}{\overset{|}{\underset{|}{C}}}}-H + \cdot\overset{CH_3}{\underset{HC_3}{\overset{|}{\underset{|}{C}}}}-OH \qquad (27)$$

Da durch H-Abstraktion aus dem i-Propanol wiederum ein nucleophiles Radikal (Dimethylketylradikal) entsteht, kann eine Kettenreaktion ablaufen. Sie wird in den Fällen, in denen durch die Photoreaktion gemeinsam mit R_{nu} noch ein elektrophiles

Radikal entsteht, durch die H-Abstraktionen dieses Radikals verstärkt. Auch das in geringen Mengen isolierbare Dimere des Alkylradikals (Rekombinationsprodukt) spricht für den angenommenen Mechanismus.

Mittels Kurzzeittechniken gemessene Geschwindigkeitskonstanten des Elektronentransfers k_e vom Diphenylketylradikal auf Halogenverbindungen sind in Tab. 11 zusammengestellt. Es wird ein starker Einfluß der Substituenten R^1 bis R^3 am C—Y-Atom deutlich, was ebenfalls mit den obigen Vorstellungen übereinstimmt. Im Vergleich zu den k_e-Konstanten des gleichen Radikals auf Oniumsalze (vgl. Tab. 8) werden starke Unterschiede sichtbar. Die Bedingungen für eine effektive Konkurrenz des Elektronentransfers zu weiteren Reaktionen der nucleophilen Radikale (k_R; vgl. Schema 8) sind deshalb ungünstiger.

Tabelle 11 Geschwindigkeitskonstanten (k_e) des Elektronentransfers vom Diphenylketylradikal auf Halogenverbindungen (gemessen durch Blitzlichtspektroskopie; in CH_3CN; $\lambda_{meßl} = 540$ nm; [α-Phenylbenzoin] = $5 \cdot 10^{-3}$ M; O_2-freie Lösung)

Verbindung	$k_e \cdot 10^{-4}$ $M^{-1}\,s^{-1}$	Verbindung	$k_e \cdot 10^{-4}$ $M^{-1}\,s^{-1}$
CBr_4	34	$CClF_2CCl_2COOCH(CH_3)_2$	2,8
$CCl_3COOC_2H_5$	0,95	$CF_3CCl_2COOCH(CH_3)_2$	2,5
$CHCl_2COOC_2H_5$	<0,2	$CF_3CClFCOOCH(CH_3)_2$	1,1
$CFCl_2CFClCOOCH_3$	15		

Tabelle 12 Quantenausbeuten der Protonensäurebildung (Φ_H) bei der Photolyse von Halogenverbindung/Benzoinderivat-Initiatorsystemen (in $CH_3CN/H_2O = 2/1$ (v:v); O_2-haltige Lösung; $\lambda = 365$ nm; [Benzoinderivat] = $2 \cdot 10^{-2}$ M; [Halogenverbindung] = 10^{-2} M)

Halogenverbindung	Φ_H α-PhB[a])	BDMK[b])	BIPE[c])
CBr_4		3,7	
$CHBr_3$		1,1	0,67
CCl_4		0,44	
$CHCl_3$		0,15	
CH_2Cl_2		0,12	
$CCl_3COOC_2H_5$	0,022	0,57	0,051
$CHCl_2COOC_2H_5$	0,014	0,20	0,015
$CH_2ClCOOC_2H_5$	0,012	0,14	0,012
$CH_2ClCH_2COOCH_3$	0,011	0,089	0,011
$CFCl_2CFClCOOCH_3$	0,019	0,072	0,039

[a]) α-Phenylbenzoin; [b]) Benzildimethylketal; [c]) Benzoinisopropylether

Wird der in Schema 8 formulierte Reaktionszyklus in wasserhaltigen Lösungsmitteln ausgeführt, dann entstehen aus den R_{nu}^{+}-Spezies letztlich Protonen. Deren Bildung kann deshalb als ein Maß dafür gelten, in welchem Umfang polymerisationsauslösende Spezies durch das Initiatorsystem gebildet werden. Die Werte für einige Produktkombinationen enthält Tab. 12. Es wird sichtbar, daß die Effektivität vieler dieser Systeme nicht befriedigt, einige aber durchaus als Initiatorsysteme für eine bivalente Initiierung interessant sind.

Bisher wurde ihre Verwendung für Polymerbildungsprozesse nur bei Siliconen näher untersucht; vgl. Schema 7 [58]. Untersuchungen an weiteren Monomersystemen werden z.Z. durchgeführt.

4. Anwendungen von Photopolymersystemen

In den einleitenden Bemerkungen wurden bereits die wesentlichsten Anwendungsgebiete von Photopolymersystemen aufgeführt; vgl. Schema 1. Infolge der außerordentlichen Vielfalt und der großen Differenziertheit der jeweiligen technologischen Anforderungen können hier nur globale Aussagen gemacht werden. Sie sollen auch verdeutlichen, in welcher Weise die vorstehend vorgestellten Initiatorsysteme praktisch nutzbar sind. Damit werden die angeführten Anwendungsgebiete im wesentlichen auf photoinitiierte Polymerbildungsreaktionen beschränkt.

Unabhängig von der konkreten Anwendung enthalten Photopolymersysteme meist folgende Bestandteile:

- lichtabsorbierende Produkte (Initiatoren, Sensibilisatoren, Monomere oder Polymere)
- Monomere oder Polymere mit funktionellen Gruppen, die zu Polymerbildungsprozessen fähig sind
- Bindemittel oder Schichtbildner, die die Bestandteile des Photopolymersystems lösen und transparente Filme bilden
- Stabilisatoren (Inhibitoren für thermoinduzierte Polymerisationen)
- Stoffe zum Anfärben (Pigmente, Farbstoffe)
- weitere Hilfsstoffe.

Diese Bestandteile werden auf einer Unterlage zu dünnen Filmen vergossen, wobei auch Mehrbegußbeschichtungen möglich sind. Der konkrete Anwendungszweck bestimmt die Art der Unterlage.

Bezüglich der Belichtung unterscheidet man die Anwendungen zweckmäßigerweise in:

- bildmäßige Belichtungen
- flächenhafte Belichtungen.

Bei den bildmäßigen Belichtungen nutzt man die Möglichkeit aus, das Licht ortsselektiv einzustrahlen. Dieses Prinzip wird aus Abb. 6 deutlich. Verwendet man die im Abschn. 3 besprochenen Initiierungsprinzipien, dann werden Veränderungen der chemischen oder physikalischen Eigenschaften des Systems nur an den Stellen ausgelöst, die von Licht bestrahlt wurden. Bei einem Entwicklungsschritt werden die sich an den unbelichteten Stellen befindlichen Schichten abgelöst und damit eine Differenzierung des ursprünglichen Systems erreicht. Auf diese Weise erhält man ein Negativ der Vorlage und man bezeichnet solche Photopolymersysteme als negativ arbeitende Systeme. Daneben gibt es auch Positiv-Systeme, die auf einer Solubilisierung der belichteten Bezirke beruhen.

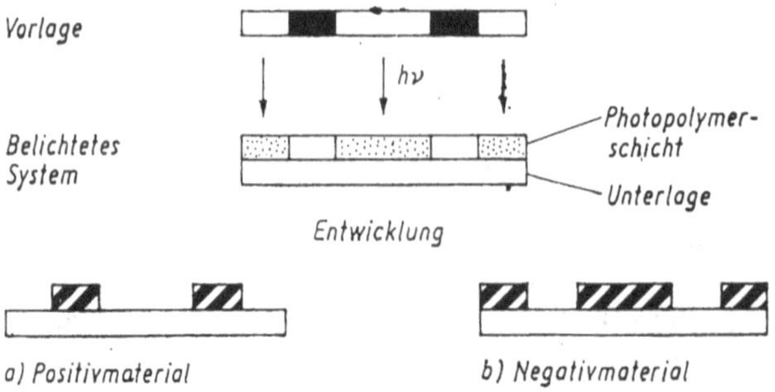

Abb. 6. Technologische Abläufe bei der Ausnutzung von Photopolymersystemen zur Informationsaufzeichnung

Die vier Hauptanwendungsgebiete von Photopolymersystemen mit bildmäßiger Belichtung sind:

- Druckplatten für die polygraphische Industrie [61, 62]
- Bildaufzeichnungsmaterialien [63]
- Photoresists [64]
- Kopierlacke.

Photopolymersysteme mit flächenhafter Belichtung werden häufig zur Herstellung von polymeren Oberflächenüberzügen angewendet. Beispiele sind:

- Oberflächenbeschichtung von Papier, Fußböden, Getränkebehälter, Lichtleitkabel
- UV-Spachtel und Füller
- Zahnfüllungen, die mit der Lichtleitkabeltechnik schnell gehärtet werden können
- lichthärtende Klebstoffe (Optikklebstoffe, Randverklebungen von textilen Materialien)
- TV-Disks.

Daneben werden Photopolymersysteme verwendet, um optische Linsen und dünnwandige Röhren herzustellen.

Mit diesen Anwendungsbeispielen sind aber die potentiellen Möglichkeiten der Photopolymerisation bei weitem nicht erschöpft. In nächster Zeit ist mit weiteren Anwendungsfeldern zu rechnen.

Literatur

[1] PAPPAS, S. P. (Herausgeber): UV-Curing — Science and Technology. Technology Marketing Co., Norwalk 1978, 1985.

[2] ELCOV, A. V. (Herausgeber): Fotochimičeskije processy v slojach (Photochemische Prozesse in Schichten). Verlag Chimia, Leningrad, 1978.

[3] TIMPE, H.-J.; BAUMANN, H.: Photopolymersysteme — Prinzipien und Anwendungen. Leipzig, Deutscher Verlag für Grundstoffindustrie, 1987.

[4] TIMPE, H.-J.; BAUMANN, H.: Chem. Techn. **36** (1984) 1; Adhäsion **1984** (9) 9.

[5] GREEN, G. E.; STARK, B. P.; ZAHIR, S. A.: J. macromol. Sci.-Rev. macromol. Chem. **C 21** (2) (1981—82) 187.

[6] GUILETT, J.: Polymer photophysics and photochemistry. Cambridge, University press, 1985.

[7] RANGBY, B.; RABEK, J. F.: Photodegradation, Photooxydation and Photostabilisation of Polymers. London, New York, Sydney, Toronto, John Wiley & Sons, 1975.

[8] REISER, A.: J. chim. phys. **77** (1980) 469.

[9] NEEDLES, H.-L.: ACS Symp. Ser. **212** (1983) 19.

[10] Autorenkollektiv: Einführung in die Photochemie. Berlin, Deutscher Verlag der Wissenschaften, 2. Auflage, 1983.

[11] TIMPE, H.-J.; GARCIA, C.; FEDTKE, M.: J. prakt. Chem. **327** (1985) 616.

[12] TSUNOOKA, M.; TANAKA, S.; EGAWA, H.; NONAKA, T.: J. Polymer Sci.; Polymer Chem. Ed. **23** (1985) 2495.

[13] DILLUNG, W. I.: Chem. Rev. **83** (1983) 1.

[14] WILLIAMS, J. L. R.; FARID, S. Y.; DOTY, J. C.; DALY, R. C.; SPECHT, D. P.; SEARLE, R.; BORDEN, D. G.; CHANG, H. J.; MARTIC, P. A.: Pure appl. Chem. **49** (1977) 523.

[15] TAZUKE, S.: Dev. Polymer Photochem. **3** (1982) 47.

[16] HASEGAWA, M.: Adv. Polymer Sci. **42** (1982) 153.

[17] IWATA, K.; HAGIWARA, T.; MATSUZAWA, H.: J. Polymer Sci.; Polymer Chem. Ed. **23** (1985) 2361.

[18] BÄSSLER, H.: Adv. Polymer Sci. **63** (1984) 1.

[19] BUBECK, C.; TIEKE, B.; WEGNER, G.: Mol. Cryst. Liq. Cryst. **96** (1983) 109.

[20] BAUMANN, H.; TIMPE, H.-J.; BÖTTCHER, H.: Z. Chem. **23** (1983) 197.

[21] HAGEMANN, H. J.: Progress Org. Coat. **13** (1985) 123.

[22] BAUMANN, H.; TIMPE, H.-J.; BÖTTCHER, H.: Z. Chem. **23** (1983) 394.

[23] CRIVELLO, J. V.: Adv. Polymer Sci. **62** (1984) 3.

[24] HAYASHI, K.: J. Radiat. Curing **1980** (1) 11.

[25] PAPPAS, S. P.: Progress Org. Coat. **13** (1985) 35.

[26] TIMPE, H.-J.; BAUMANN, H.; Wiss. Z. TH Leuna-Merseburg **26** (1984) 439.

[27] TIMPE, H.-J.; FILO, P.; BAUMANN, H.; STREHMEL, B.: Z. Chem. **23** (1983) 102.

[28] PAPPAS, S. P.; PAPPAS, B. C.; GATECHAIR, L. R.; JILEK, J. H.; SCHNABEL, W.: Polymer Photochem. **5** (1984) 1.

[29] WELLER, A.: Pure appl. Chem. **54** (1982) 1885.

[30] TIMPE, H.-J.; OERTEL, U.; HUNDHAMMER, B.: Z. Chem. **25** (1985) 145.

[31] TIMPE, H.-J.; OERTEL, U.; BAH, A.: J. Photochem., zur Publikation eingereicht.

[32] TIMPE, H.-J.; BAH, A.: J. prakt. Chem., zur Publikation eingereicht.

[33] TIMPE, H.-J.; SCHUBERT, E.; WORSCHECH, S.: J. prakt. Chem. **324** (1982) 955.

[34] BAUMANN, H.; BECKER, H. G. O.; KRONFELD, K. P.; PFEIFER, D.; TIMPE, H.-J.: J. Photochem. **28** (1985) 393.

[35] BAUMANN, H.; LAMMEL, U.; TIMPE, H.-J.: Europ. Polymer J. **22** (1986) 305.
[36] TIMPE, H.-J.; BAUMANN, H.; KRONFELD, K. P.: unveröffentlichte Daten.
[37] BAUMANN, H.; OERTEL, U.; TIMPE, H.-J.: Europ. Polymer. J. **22** (1986) 313.
[38] BREDE, O.; MEHNERT, R.; NAUMANN, W.; BECKER, H. G. O.: Ber. Bunsenges. Phys. Chem. **84** (1980) 666.
[39] TIMPE, H.-J.; OERTEL, U.: Makromol. Chem.; Rapid Commun. **6** (1985) 361.
[40] BAUMANN, H.; TIMPE, H.-J.: Acta polymerica **37** (1986) 309.
[41] TIMPE, H.-J.; BAH, A.; OERTEL, U.; MÜLLER, G.: Acta polymerica, zur Publikation eingereicht.
[42] PAPPAS, S. P.; GATECHAIR, L. R.; JILEK, J. H.: J. Polymer Sci.; Polymer Chem. Ed. **22** (1984) 77.
[43] TIMPE, H.-J.; ARIGOKAL, R.: unveröffentlichte Daten.
[44] BAUMANN, H.; JAHNKE, H.; PANZNER, S.; TIMPE, H.-J.: Exp. Meth. Wiss. Gerätebau FSU Jena **84/61** (1984).
[45] BAUMANN, H.; MÜLLER, U.; PFEIFER, D.; TIMPE, H.-J.: J. prakt. Chem. **324** (1982) 217.
[46] BAUMANN, H.; TIMPE, H.-J.: Z. Chem. **24** (1984) 18.
[47] BAUMANN, H.; MERCKEL, C.; TIMPE, H.-J.; GRANESS, A.; KLEINSCHMIDT, J.; GOULD, I. R.; TURRO, N. J.: Chem. Phys. Letters **103** (1984) 497.
[48] BÖTTCHER, H.; WALTER, A.; BAUMANN, H.; TIMPE, H.-J.: J. Signal AM **10** (1982) 71.
[49] BAUMANN, H.; STREHMEL, B.; TIMPE, H.-J.: Acta polymerica **33** (1982) 531.
[50] TIMPE, H.-J.; PAPENDIECK, B.; MÜLLER, U.; RAETZSCH, M.: Makromd. Chem.; Rapid Commun.; zur Publikation eingereicht.
[51] BAUMANN, H.; STREHMEL, B.; TIMPE, B.; REHOREK, D.: J. prakt. Chem. **325** (1983) 756.
[52] BAUMANN, H.; STREHMEL, B.; TIMPE H.-J.: Polymer Photochem. **4** (1984) 223.
[53] BAUMANN, H.; STREHMEL, B.; TIMPE, H.-J.; REHOREK, D.: Makromol. Chem. **184** (1983) 2409.
[54] BAUMANN, H.; STREHMEL, B.; TIMPE, H.-J.; LAMMEL, U.: J. prakt. Chem. **326** (1984) 415.
[55] FLEMING, J.: Grenzorbitale und Reaktionen organischer Verbindungen. Weinheim, New York, Verlag Chemie, 1979.
[56] BAUMANN, H.; TIMPE, H.-J.; ZUBAREV, V. E.; FOK, N. V.; MELNIKOV, M. J.: Z. Chem. **25** (1985) 181; J. Photochem. **30** (1985) 487.
[57] TIMPE, H.-J.; MERCKEL, C.; BAUMANN, H.: Makromol. Chem. **186** (1985) 187.
[58] TIMPE, H.-J.; WAGNER, R.; HERMANIES E.; SCHLIMPER R.: Plaste und Kautschuk **32** (1985) 122.
[59] TIMPE, H.-J.; WAGNER, R.; PALETA, O.: unveröffentlichte Daten.
[60] TIMPE, H.-J.; WAGNER, R.; DUSI, R.; PALETA, O.; DADAK, V.: Z. Chem. **26** (1986) 256.
[61] KÖNIG, W.; SOBEK, W.; TRAUZEDDEL, P.: Mitteilungsbl. chem. Ges. DDR **28** (1981) 126.
[62] ZWICKY, H.: Chimia **33** (1979) 30.
[63] BÖTTCHER, H.: J. Signal AM **8** (1980) 405.
[64] STEPPAN, H.; BUHR, G.; VOLLMANN, H.: Angew. Chem. **94** (1982) 471.

ISBN 3-05-500 215-6
ISSN 0138-3965

FSC
www.fsc.org
MIX
Papier | Fördert
gute Waldnutzung
FSC® C083411

Kolibri 360 GmbH
Ferdinand-Jühlke-Straße 7
99095 Erfurt, Deutschland
produktsicherheit@kolibri360.de